高等工科院校 CAD/CAM/CAE 系列教材

UG NX12.0 运动仿真项目教程

主　编　詹建新

副主编　王秀敏

参　编　杨馥华

机械工业出版社

本书是以教育部机械类专业应用型紧缺人才的培训方案为指导思想，根据高等工科院校人才培养目标的要求，结合编者多年在工厂一线和实际教学积累的经验编写而成。

　　本书结合大量实例，详细介绍了常用运动机构的建模、装配与运动仿真。全书共分 35 个项目，其中项目 1 为基础操作部分，项目 2～项目 34 以机械设计中典型的运动机构为仿真实例，项目 35 详细介绍了 UG NX 工程制图的基本命令。

　　本书可作为高等院校机械类、近机械类专业的 CAD/CAE 专业教材，也可作为工程技术人员和 CAE 爱好者的参考用书。

　　书中每个运动机构仿真都配有视频资源，凡使用本书作为教材的教师可登录机械工业出版社教育服务网 www.cmpedu.com 注册后下载。咨询电话：010-88379375。

图书在版编目（CIP）数据

UG NX12.0 运动仿真项目教程/詹建新主编. —北京：机械工业出版社，2019.8（2021.1 重印）

高等工科院校 CAD/CAM/CAE 系列教材

ISBN 978-7-111-63285-6

Ⅰ.①U…　Ⅱ.①詹…　Ⅲ.①机构运动分析-计算机仿真-应用软件-高等学校-教材　Ⅳ.①TH112-39

中国版本图书馆 CIP 数据核字（2019）第 150294 号

机械工业出版社（北京市百万庄大街 22 号　邮政编码 100037）
策划编辑：薛　礼　责任编辑：薛　礼
责任校对：佟瑞鑫　封面设计：鞠　杨
责任印制：郜　敏
北京圣夫亚美印刷有限公司印刷
2021 年 1 月第 1 版第 2 次印刷
184mm×260mm · 13.25 印张 · 328 千字
1901—3800 册
标准书号：ISBN 978-7-111-63285-6
定价：33.00 元

电话服务　　　　　　　　　　　　网络服务
客服电话：010-88361066　　　机　工　官　网：www.cmpbook.com
　　　　　010-88379833　　　机　工　官　博：weibo.com/cmp1952
　　　　　010-68326294　　　金　书　　　网：www.golden-book.com
封底无防伪标均为盗版　　　机工教育服务网：www.cmpedu.com

→ 前 言 ←

　　目前，很多工科院校开设了"机械原理"课程，但由于理论性太强，学生不太容易理解。该课程所用的教材基本上是 10 多年前的大纲，教师还是按本科教学的要求进行纯理论教学，缺乏实操方面的内容。这与教育部的要求相距较远。如果在讲解"机械原理"课程的同时开设运动仿真课程，就会使学生通过学习机构的动画制作，更加深入地了解常见机构的机械原理，进而提高学生对机械原理的认知。

　　本书共 35 个项目，项目 1 为基础操作部分，内容包括 UG NX12.0 的界面操作、绘制草图以及建立三维模型的基础操作。项目 2~项目 34 介绍常见机械结构的设计与动画制作过程，项目 35 介绍 UG NX 工程制图的基本方法等。

　　本书采用项目式体例编写，每个项目涉及一个机械原理，并讲述整个动画制作过程。

　　本书所有的实例都是精心挑选的，适用于本科、高职高专、技师、职高的汽车制造与装配技术、数控技术、模具设计与制造、机电一体化、工业机器人技术等相关专业的机械原理课程。

　　全书由广州华立科技职业学院詹建新编写。广州华立科技职业学院王秀敏、广东省惠州市技师学院杨馥华负责统稿、制图与文字校对。

　　由于编者水平有限，书中疏漏、欠妥之处在所难免，恳请广大读者批评指正，并提出宝贵的意见。QQ 联系方式：648770340。

编　者

目 录

UG NX12.0设计入门

本项目主要介绍 UG NX12.0 的一些基本知识和工作环境，详细介绍 UG 草绘的基本命令、简单零件的造型等，通过对本项目的学习，读者可以对 UG NX12.0 有一个基本的认识。

1.1 UG NX12.0 建模界面

UG NX12.0 界面包括主菜单、横向菜单、当前文件名、辅助工具条、标题栏、快捷菜单、资源条、提示栏和工作区等，如图 1-1 所示。

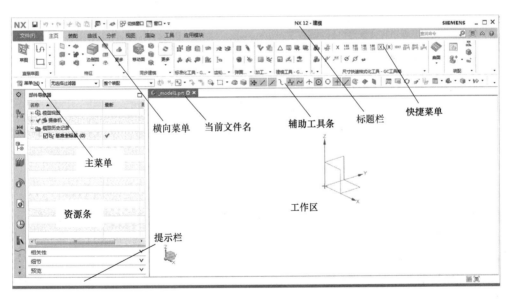

图 1-1 UG NX12.0 界面

1）主菜单：也称纵向菜单。系统所有的基本命令和设置都在这个菜单栏里。
2）横向菜单：由主页、装配、曲线、分析、视图、渲染、工具及应用模块等组成。
3）当前文件名：显示所绘图形的当前文件名。
4）辅助工具条：用于选择过滤图素的类型和图形捕捉。
5）标题栏：显示当前软件的名称及版本号，以及当前正在操作的零件名称。如果对部件已经做了修改，但还没有保存，在文件名的后面还会有"（修改的）"文字。

6）快捷菜单：对于 UG NX 的常用命令，以快捷形式排布在屏幕的上方，方便用户使用。

7）资源条：包括部件导航器、约束导航器、装配导航器、数控加工导向等。

8）提示栏：主要用于提示用户必须执行的下一步操作，对于不熟悉的命令，操作者可以按照提示栏的提示，一步一步地完成整个命令的操作。

9）工作区：主要用于绘制零件图、草绘图等。

1.2　三键滚轮鼠标在 UG NX 中的使用方法

在 UG NX 建模过程中，合理使用三键滚轮鼠标，可以实现平移、缩放、旋转以及弹出快捷菜单等操作，操作起来十分方便，三键滚轮鼠标的功能见表 1-1。

表 1-1　三键滚轮鼠标的功能

鼠标按键	功　能	操作说明
左键（MB1）	选择命令以及实体、曲线或曲面等对象	直接单击左键
中键（MB2）	放大或缩小	按<Ctrl+中键>或<左键+中键>
	平移	按<Shift+中键>或<中键+右键>
	旋转	按住中键不放，即可旋转视图
右键（MB3）	弹出快捷菜单	在空白处单击右键

1.3　UG NX12.0 草绘的一般画法

1）启动 NX12.0，单击"新建"按钮，在【新建】对话框中，单击"模型"选项卡，"单位"选择"毫米"，选择"模型"模板，"名称"设为"ex1.prt"，"文件夹"选择"D：\"，如图 1-2 所示。

2）单击"确定"按钮，进入建模环境。

3）选择"菜单|插入|草图"命令，在【创建草图】对话框中，"草图类型"选择"在平面上"，"平面方法"选择"自动判断"，"参考"选择"水平"，单击"坐标系对话框"按钮，如图 1-3a 所示。

4）在【坐标系】对话框中，"类型"选择"平面，X 轴，点"选项，"Z 轴的平面"选择基准坐标系的 XC-YC 平面，"平面上的 X 轴"选择基准坐标系的 X 轴，"平面上的原点"为（0，0，0），如图 1-3b 所示。单击 3 次"确定"按钮，进入草绘模式。

5）单击 3 次"确定"按钮，进入草绘模式，并且视图切换至草绘方向。

6）选择"菜单|插入|草图曲线|直线"命令，任意绘制一个六边形（注意：在绘制六边形时，应避免出现垂直、平行和对齐等约束现象），如图 1-4 所示。

7）选择"菜单|插入|草图约束|几何约束"命令，在【几何约束】对话框中单击"竖直"按钮，如图 1-5 所示。

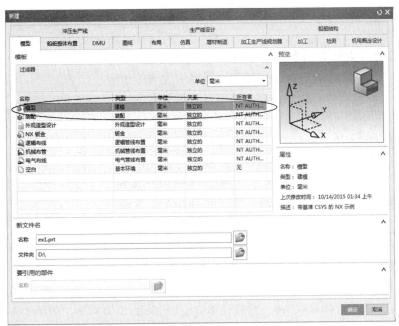

图 1-2 【新建】对话框

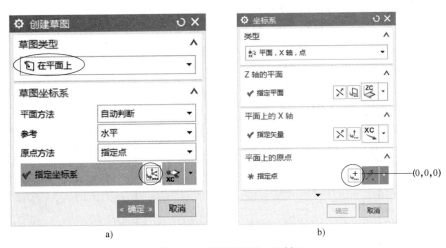

a)　　　　　　　　　　　　b)

图 1-3 【创建草图】对话框

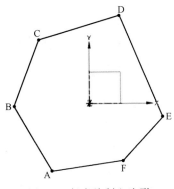

图 1-4 任意绘制六边形

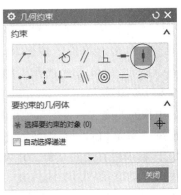

图 1-5 单击"竖直"按钮

8）选择 AB、DE 线段，则线段 AB、DE 变成竖直线，如图 1-6 所示。

9）在【几何约束】对话框中，单击"点在曲线上"按钮⊞，先单击"选择要约束的对象"按钮，再选择 C 点，然后单击"选择要约束到的对象"按钮，选择 Y 轴，则 C 点与 Y 轴对齐。

10）采用相同的方法，使 F 点与 Y 轴对齐，如图 1-7 所示。

11）选择"菜单|插入|草图约束|设为对称"命令，先选择直线 AB，再选择直线 ED（AB、ED 的箭头方向必须相同），然后选择 Y 轴作为对称轴，则直线 AB、ED 关于 Y 轴对称。

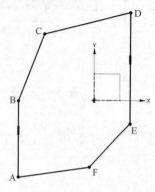

图 1-6　直线 AB、DE 变成竖直线

注意：如果有的标注变成红色，这是因为存在多余的尺寸标注，请直接用键盘上的<Delete>键删除红色标注。

12）在【设为对称】对话框中，单击"选择中心线"按钮⊞，先选择 X 轴作为对称轴，再选择直线 BC，然后选择直线 AF，则直线 BC 与 AF 关于 X 轴对称，如图 1-8 所示。

提示：因为系统默认上一组对称的中心线作为对称轴，所以在设置不同对称轴的对称约束时，应先选择对称轴，再选择其他的对称图素。

13）采用相同的方法，使直线 CD、FE 关于 X 轴对称，如图 1-8 所示。

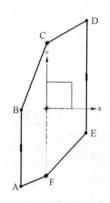

图 1-7　点 C、点 F 与 Y 轴对齐

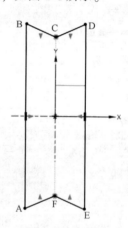

图 1-8　设为对称

14）选择"菜单|插入|草图约束|几何约束"命令，在【几何约束】对话框中单击"等长"按钮☰，再单击"要约束的对象"按钮，选择 AB，然后单击"选择要约束到的对象"按钮，选择 BC，则 AB 与 BC 相等。

15）采用相同的方法，设定其他线段两两相等。

16）选择"菜单|插入|草图约束|尺寸|角度"命令，选择直线 AB 和 BC，标识两直线的夹角，并修改为 120°，如图 1-9 所示。

17）选择"菜单|插入|草图约束|尺寸|线性"命令，在【线性尺寸】对话框中，"方法"选择"水平"，选择直线 AB 和 DE，

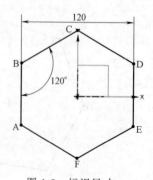

图 1-9　标识尺寸

标识两直线的水平距离，并修改为120mm，如图1-9所示。

18）在空白处单击鼠标右键，选择"完成草图"命令，完成草图创建。

1.4 固定板零件的建模

本节将详细介绍草绘的一些基本命令。注意：在建模时应将复杂零件的建模化解为一个一个的简单步骤，倒圆和倒角等特征尽量在实体上实现。

1）启动NX12.0，单击"新建"按钮▯，在【新建】对话框中，单击"模型"选项卡，"单位"选择"毫米"，选择"模型"模板，"名称"设为"ex2.prt"，"文件夹"选择"D：\"。

2）单击"确定"按钮，进入建模环境，此时NX的工作背景为灰色，是默认的颜色。

3）选择"菜单|首选项|背景"命令，在【编辑背景】对话框中，"着色视图"选择"◉纯色"，"线框视图"选择"◉纯色"，"普通颜色"选择"白色"，如图1-10所示。

4）单击"确定"按钮，NX的工作背景变成白色。

5）单击"拉伸"按钮▯，在【拉伸】对话框中单击"绘制截面"按钮▯，如图1-11所示。

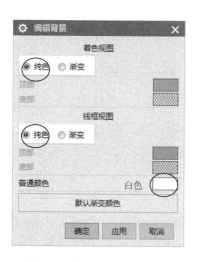

图1-10 【编辑背景】对话框

图1-11 【拉伸】对话框

6）在【创建草图】对话框中，"草图类型"选择"在平面上"，"平面方法"选择"自动判断"，"参考"选择"水平"，单击"坐标系对话框"按钮▯。

7）在【坐标系】对话框中，"类型"选择"平面，X轴，点"选项，"Z轴的平面"选择基准坐标系的XC-YC平面，"平面上的X轴"选择基准坐标系的X轴，"平面上的原点"为（0，0，0），如图1-3所示。单击3次"确定"按钮，进入草绘模式。

8）选择"菜单|插入|曲线|直线"命令，任意绘制一个四边形，如图1-12所示。

9）单击"几何约束"按钮▯，在【几何约束】对话框中，单击"水平"按钮▯，如图1-13所示。再选择直线AD，则直线AD变成水平线。

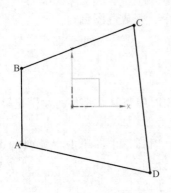

图 1-12　任意绘制四边形

图 1-13　设定水平约束

10）采用相同的方法，将直线 BC 设为水平线，将直线 AB、CD 设为竖直线。

11）单击"设为对称"按钮，先选择直线 AB，再选择直线 DC，然后选择 Y 轴作为对称轴，则直线 AB、DC 关于 Y 轴对称，如图 1-14 所示。

12）在【设为对称】对话框中，单击"选择中心线"按钮，先选择 X 轴作为对称轴，再选择直线 AD，然后选择直线 BC，则直线 AD 与 BC 关于 X 轴对称，如图 1-14 所示。

13）双击尺寸标注，将尺寸标注改为 100mm×80mm，如图 1-15 所示。

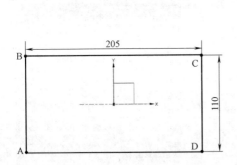

图 1-14　设定对称约束

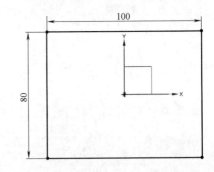

图 1-15　修改标注尺寸（100mm×80mm）

14）在空白处单击鼠标右键，选择"完成草图"命令，在【拉伸】对话框中，"指定矢量"选择"ZC"，"开始距离"设为 0，"结束距离"设为 10mm，"布尔"选择"无"，如图 1-16 所示。

15）单击"确定"按钮，创建一个拉伸特征，特征的颜色是系统默认的棕色。

16）在工作区上方的工具条中，在的下拉列表框中选择"带有隐藏边的线框"，如图 1-17 所示，此时实体以线框的形式显示。

17）单击"拉伸"按钮，在【拉伸】对话框中，单击"绘制截面"按钮，在【创建草图】对话框中，"草图类型"选择"在平面上"，"平面方法"选择"自动判断"，"参考"选择"水平"，单击"坐标系对话框"按钮。

18）在【坐标系】对话框中，"类型"选择"平面，X 轴，点"选项，"Z 轴的平面"

选择工件的上表面,"平面上的 X 轴"选择基准坐标系的 X 轴,"平面上的原点"为(0,0,0)。单击 3 次"确定"按钮,进入草绘模式。

图 1-16 【拉伸】对话框

图 1-17 选择"带有隐藏边的线框"

19)单击"矩形"按钮□,任意绘制一个矩形截面,矩形的尺寸为任意值,如图 1-18 所示。

20)单击"设为对称"按钮叩,选择矩形的第一条水平边,再选择矩形的第二条水平边,最后选择 X 轴,则矩形的两条水平边关于 X 轴对称,如图 1-19 所示。

21)采用相同的方法,设定两条竖直线关于 Y 轴对称,如图 1-19 所示。

22)将尺寸改为 70mm×50mm,如图 1-19 所示。

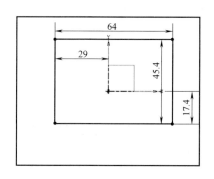

图 1-18 绘制任意矩形截面

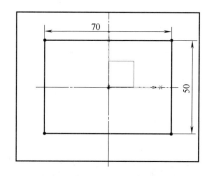

图 1-19 设定两水平线关于 X 轴对称

23)在空白处单击鼠标右键,选择"完成草图"命令,在【拉伸】对话框中,"指定矢量"选择"ZC"⬚,"开始距离"设为 0,"结束距离"设为 8mm,"布尔"选择"⬚合并"。

24）单击"确定"按钮，创建第二个实体，如图1-20所示。

25）单击"拉伸"按钮▥，在【拉伸】对话框中单击"绘制截面"按钮▥，在【创建草图】对话框中，"草图类型"选择"在平面上"，"平面方法"选择"自动判断"，"参考"选择"水平"，单击"坐标系对话框"按钮▥。

26）在【坐标系】对话框中，"类型"选择"平面，X轴，点"选项，"Z轴的平面"选择工件的上表面，"平面上的X轴"选择基准坐标系的X轴，"平面上的原点"为（0，0，0）。单击3次"确定"按钮，进入草绘模式。

27）单击"矩形"按钮▭，以原点为中心绘制一个矩形截面，如图1-21所示。

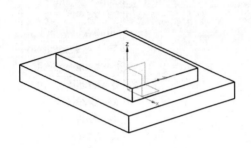

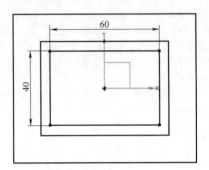

图1-20　创建第二个实体　　　　　　　　　图1-21　绘制矩形截面

28）在空白处单击鼠标右键，选择"完成草图"命令，在【拉伸】对话框中"指定矢量"选择"−ZC"▥，"开始距离"设为0，"结束距离"设为−8mm，"布尔"选择"减去"。

29）单击"确定"按钮，在实体上创建凹坑，如图1-22所示。

30）选择"菜单|插入|设计特征|孔"命令，在【孔】对话框中单击"绘制截面"按钮▥，在【创建草图】对话框中，"草图类型"选择"在平面上"，"平面方法"选择"自动判断"，"参考"选择"水平"，单击"坐标系对话框"按钮▥。

31）在【坐标系】对话框中，"类型"选择"平面，X轴，点"选项，"Z轴的平面"选择工件的大平面，"平面上的X轴"选择基准坐标系的X轴，"平面上的原点"为（0，0，0）。单击3次"确定"按钮，进入草绘模式。

32）单击"点"按钮，任意绘制一个点，如图1-23所示。

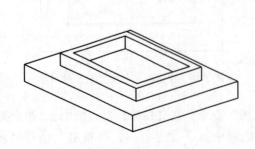

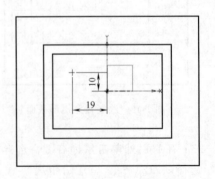

图1-22　创建凹坑　　　　　　　　　　图1-23　绘制任意点

33）选择"菜单|插入|草图约束|几何约束"命令，在【几何约束】对话框中单击"点在曲线上"按钮⊤，将点约束到 X 轴上。

34）采用相同的方法，将点约束到 Y 轴上。

35）在空白处单击鼠标右键，选择"完成草图"命令，在【孔】对话框中，"类型"选择"常规孔"，"孔方向"选择"垂直于面"，"成形"选择"简单孔"，"直径"为 10mm，"深度限制"选择"贯通体"，"布尔"选择"⊞减去"，如图 1-24 所示。

36）单击"确定"按钮，创建一个通孔，如图 1-25 所示。

图 1-24 【孔】对话框

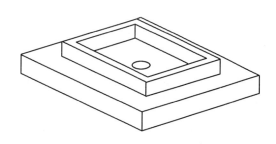

图 1-25 创建孔特征

37）选择"单菜|插入|设计特征|螺纹"命令，在【螺纹】对话框中，选中"◉详细"按钮与"◉右旋"按钮，选择刚才创建的孔特征的内表面，"大径"为 12mm，"长度"为 10mm，"螺距"为 2mm，"角度"为 60°。

38）单击"确定"按钮，即可创建螺纹特征。

39）单击"边倒圆"按钮🔲，先对凹坑的 4 个角倒圆（R5mm），再对凹坑外侧的 4 个角倒圆（R10mm），如图 1-26 所示。

40）单击"保存"🔲按钮，保存文档。

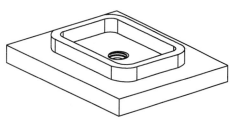

图 1-26 创建倒圆特征

1.5 连接管

1）单击"新建"按钮🗋，在【新建】对话框中，单击"模型"选项卡，输入名称为"lianjieguan. prt"，单位选择"毫米"，选择"模型"模板，单击"确定"按钮，进入建模环境。

2）选择"菜单|插入|草图"命令，在【创建草图】对话框中，"草图类型"选择"在平面上"，"平面方法"选择"自动判断"，"参考"选择"水平"，单击"坐标系对话框"按钮。

3）在【坐标系】对话框中"类型"选择"平面，X轴，点"选项，"Z轴的平面"选择XC-YC，"平面上的X轴"选择基准坐标系的X轴，"平面上的原点"为（0，0，0）。单击3次"确定"按钮，进入草绘模式。

4）选择"菜单|插入|草图曲线|直线"命令，绘制一条水平线和一条竖直线（水平线和竖直线的端点在坐标轴上），如图1-27所示。

5）选择"菜单|插入|草图曲线|圆弧"命令，在两直线的拐角处绘制一条圆弧（圆弧的一个端点在水平线上，另一个端点在竖直线上，半径大小为任意值），如图1-28所示。

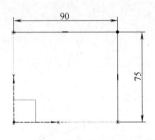

图1-27　绘制水平线与竖直线

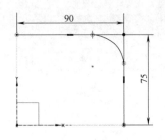

图1-28　绘制圆弧

6）选择"菜单|插入|草图约束|几何约束"命令，在【几何约束】对话框中单击"相切"按钮。

7）选中圆弧，再选中水平线，则圆弧与水平线相切。同理，设定圆弧与竖直线相切。

8）选择"菜单|编辑|草图曲线|快速修剪"命令，修剪掉水平线与竖直线多余的部分，如图1-29所示。

9）将水平尺寸改为95mm，圆弧的半径值改为30mm，如图1-30所示。

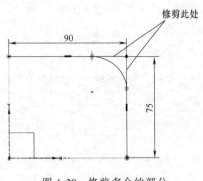

图1-29　修剪多余的部分

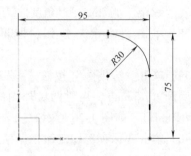

图1-30　修改圆弧半径值

10）在空白处单击鼠标右键，选择"完成草图"命令，完成草图创建。

11）选择"菜单|插入|扫掠|截面"命令，在【截面曲面】对话框中，"类型"选择"圆形"，"模式"选择"中心半径"，"规律类型"选择"恒定"，"值"设为4mm，"脊线"选择"●按曲线"，如图1-31所示。

12）单击"选择起始引导线"按钮，选择图 1-30 中创建的曲线为引导曲线，再单击"选择脊线"按钮，重复选择上一步创建的曲线为脊线，如图 1-31 所示。

13）单击"确定"按钮，创建一条连接管，连接管的直径为 $\phi8\text{mm}$，如图 1-32 所示。

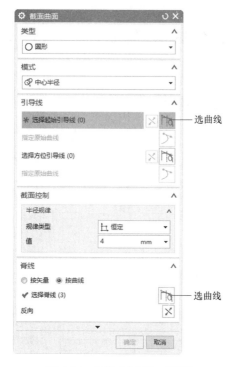

图 1-31 【截面曲面】对话框

图 1-32 创建连接管实体

14）单击"保存" ![保存按钮]按钮，保存文档。

1.6 直角三通零件

本节介绍采用"旋转"命令创建不同直径圆柱体的方法。每个圆柱体均绘制一个简单的草绘图形，并用阵列方式复制相同形状的造型，这种建模方法的优点是草绘简单，容易修改。

1）单击"新建"按钮 ![新建按钮]，在【新建】对话框中单击"模型"选项卡，输入名称为 "zhijiaosantong.prt"，单位选择"毫米"，选择"模型"模板，单击"确定"按钮，进入建模环境。

2）选择"菜单|插入|设计特征|旋转"命令，在【旋转】对话框中，单击"绘制截面"按钮 ![绘制截面按钮]，以 XOY 平面为草绘平面，X 轴为水平参考，绘制一个截面（水平边在 X 轴上，竖直边关于 Y 轴对称），如图 1-33 所示。

3）选择"完成草图"命令，在【旋转】对话框中，"指定矢量"选择"XC" ![XC]，"开始角度"为 0°，"结束角度"为 360°，单击"指定

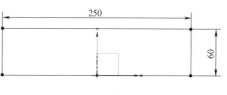

图 1-33 绘制截面

点"按钮，在【点】对话框中输入（0，0，0），"布尔"选择"无"，如图 1-34 所示。

图 1-34 【旋转】对话框

4）单击"确定"按钮，创建第一个圆柱。

5）选择"菜单 | 插入 | 设计特征 | 旋转"命令，在【旋转】对话框中单击"绘制截面"按钮，以 ZOX 平面为草绘平面，X 轴为水平参考，绘制一个截面，如图 1-35 所示。

6）在空白处单击鼠标右键，选择"完成草图"命令，在【旋转】对话框中，"指定矢量"选择"XC"，"开始角度"为 0°，"结束角度"为 360°，单击"指定点"按钮，在【点】对话框中输入（0，0，0），"布尔"选择" 求和"。

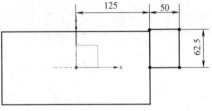

图 1-35 绘制截面（水平线与 X 轴对齐）

7）单击"确定"按钮，创建第二个圆柱，如图 1-36 所示。

8）选择"菜单 | 插入 | 设计特征 | 旋转"命令，在【旋转】对话框中单击"绘制截面"按钮，以 ZOX 平面为草绘平面，X 轴为水平参考，绘制一个截面（一条竖直边与 Y 轴对齐，一条水平边与 X 轴对齐），如图 1-37 所示。

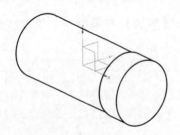

图 1-36 创建第二个圆柱体

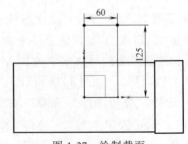

图 1-37 绘制截面

9）在空白处单击鼠标右键，选择"完成草图"命令，在【旋转】对话框中，"指定矢量"选择"ZC"⚐，"开始角度"为 0°，"结束角度"为 360°，"布尔"选择"⚐求和"。

10）单击"确定"按钮，创建第三个圆柱体，如图 1-38 所示。

11）选择"菜单|插入|关联复制|阵列特征"命令，在【阵列特征】对话框中，"布局"选择"⚐圆形"，"指定矢量"选择"–YC"⚐，"间距"选择"数量和间隔"，"数量"为 3，"节距角"为 90°，单击"指定点"按钮，在【点】对话框中输入（0，0，0），如图 1-39 所示。

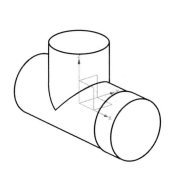

图 1-38　创建第三个圆柱体

图 1-39　【阵列特征】对话框

12）选择图 1-36 所示创建的第二个实体为要阵列的特征，单击"确定"按钮，创建阵列特征，如图 1-40 所示。

13）单击"抽壳"按钮⚐，在【抽壳】对话框中，"类型"选择"移除面，然后抽壳"，"厚度"为 2.5mm，如图 1-41 所示。

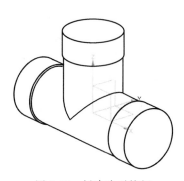

图 1-40　创建阵列特征

图 1-41　【抽壳】对话框

14）选择 3 个管口平面为"可移除面"，单击"确定"按钮，创建抽壳特征，如图 1-42 所示。

15）单击"旋转"按钮🖰，在【旋转】对话框中，单击"绘制截面"按钮🖱，以 XOY 平面为草绘平面，X 轴为水平参考，绘制一个矩形截面（15mm×5mm），如图 1-43 所示。

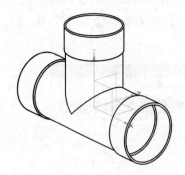

图 1-42　创建抽壳特征

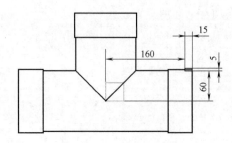

图 1-43　绘制矩形截面

16）在空白处单击鼠标右键，选择"完成草图"命令，在【旋转】对话框中，"指定矢量"选择"XC"🖎，"开始角度"为 0°，"结束角度"为 360°，"布尔"选择"🖲求和"，单击"指定点"按钮🖾，在【点】对话框中输入（0，0，0）。

17）单击"确定"按钮，创建管口旋转特征，如图 1-44 所示。

18）选择"菜单|插入|关联复制|阵列特征"命令，在【阵列特征】对话框中，"布局"选择"🖸圆形"，"指定矢量"选择"–YC"🖎，"间距"选择"数量和间隔"，"数量"为 3，"节距角"为 90°。

19）单击"指定点"按钮🖾，在【点】对话框中输入（0，0，0）。

20）选择图 1-44 所示创建的实体为要阵列的特征。

21）单击"确定"按钮，创建阵列特征，如图 1-45 所示。

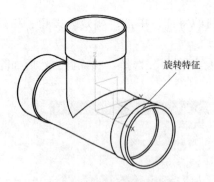

图 1-44　创建管口旋转特征

图 1-45　阵列特征

22）单击"边倒圆"按钮🖲，选择管口的边线，半径为 2.5mm，创建倒圆特征。

23）单击"保存"🖫按钮，保存文档。

项目②

平面四杆机构（一）

由四个构件用转动副和移动副组成的平面机构称为平面四杆机构，如图 2-1 所示。平面四杆机构是构件数目最少的平面连杆机构，它是组成多杆机构的基础。

平面四杆机构的运动形式是：AD 固定，AB 绕 A 点旋转，CD 绕 D 点旋转，BC 连接 AB 和 CD。四杆机构的基本类型可以分为曲柄摇杆机构、双曲柄机构和双摇杆机构三种。如果 AB 做圆周运动，CD 只能做回来摆动，称为曲柄摇杆机构；AB 和 CD 都做圆周运动的，称为双曲柄机构；AB 和 CD 两个连杆都做回来摆动，称为双摇杆机构。本项目通过一个简单的实例，详细介绍创建平面四杆机构仿真运动的基本过程。

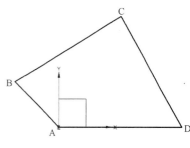

图 2-1 平面四杆机构

2.1 绘制四杆机构

1）启动 NX12.0，单击"新建"按钮 ，在【新建】对话框中，单击"模型"选项卡，"名称"设为"四杆机构 . prt"，"单位"选择"毫米"，选择"模型"模板。

注意：用 NX12.0 做动画仿真运动时，NX 文件的名称一般是在英文目录下创建 NX 文档，而且文档应取英文名，否则在有些计算机上不能创建仿真运动，为了方便区分，本书的文档都是中文名，但请读者在学习本书时将文档取英文名，本书后同。

2）单击"确定"按钮，进入建模环境。

3）单击"草图"按钮 ，在【创建草图】对话框中，"草图类型"选择"在平面上"，"平面方法"选择"自动判断"，"参考"选择"水平"，单击"坐标系对话框"按钮 。

4）在【坐标系】对话框中，"类型"选择"平面，X 轴，点"选项，"Z 轴的平面"选择基准坐标系的 XC-YC 平面，"平面上的 X 轴"选择基准坐标系的 X 轴，"平面上的原点"为（0，0，0），单击"确定"按钮，进入草绘模式。

5）选择"菜单 | 插入 | 草图曲线 | 直线"命令，在工作区中绘制 4 条直线，如图 2-2 所示（135°指的是初始

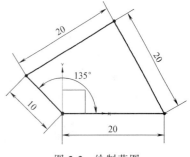

图 2-2 绘制草图

角度，在本节介绍的四杆机构中没有实际作用）。

6）在空白处单击鼠标右键，选择"完成草图"命令，完成创建草图，如图2-1所示。

2.2 进入仿真环境

1）在横向菜单中单击"应用模块"选项卡，再单击"运动"按钮 运动，如图2-3所示。

图2-3 单击"运动"按钮

2）在"运动导航器"中选择"四杆机构"，再单击鼠标右键，选择"新建仿真"命令，如图2-4所示。

图2-4 选择"新建仿真"命令

3）在【新建仿真】对话框中，"名称"设为"aa.sim"，单击"确定"按钮。

注意：动画仿真名一般取英文名，路径也应是英文名，否则在有些计算机上不能创建仿真运动。

4）在【环境】对话框中，"分析类型"选择"◉运动学"，勾选"☑新建仿真时启动运动副向导"复选框，如图2-5所示。

5）单击"确定"按钮，创建运动仿真名，此时在"运动导航器"中出现"aa"，如图2-6所示。

图2-5 【环境】对话框

图2-6 创建运动仿真"aa"

2.3　创建连杆

1）单击"连杆"按钮，在【连杆】对话框中单击"选择对象"按钮，然后选择AB 线段。

2）单击"确定"按钮，创建连杆 L001，此时在"运动导航器"中"连杆"的下层中添加了 L001，如图 2-7 所示。

3）采用相同的方法，选择曲线 BC 为连杆 L002，曲线 CD 为连杆 L003。

注意：在本实例中，直线 AD 是不运动的物体，作为固定件，可以不选作连杆。

4）此时"运动导航器"中添加了 3 个连杆，如图 2-7 所示。

5）绘图区中的草图上添加了连杆的名称，分别为 L001、L002、L003，如图 2-8 所示。

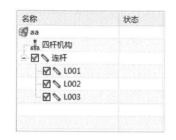

图 2-7　添加 3 个连杆

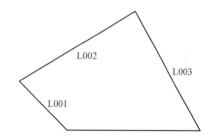

图 2-8　草图上添加连杆的名称

2.4　创建旋转副

1）单击"接头"按钮，在【联接】对话框中，单击"定义"选项卡，"类型"选择"旋转副"，如图 2-9 所示。

2）选择直线 AB，在【运动副】对话框中，单击"指定原点"按钮，在【点】对话框中，"类型"选择"端点"选项，选择端点 A 为旋转中心。

3）在【运动副】对话框中，单击"指定矢量"按钮，在下拉菜单中选择"ZC"，如图 2-10 所示。

图 2-9　"类型"选择"旋转副"

图 2-10　【运动副】对话框

4）单击"应用"按钮，连杆 L001 的端点 A 上会显示一个固定旋转副的图标，创建固定旋转副 J001，表示连杆 1 可以围绕端点 A 做旋转运动，如图 2-11 所示。

5）采用相同的方法，选择直线 CD 为连杆，端点 D 为旋转中心，创建固定旋转副 J002，如图 2-11 所示。

注意：在【运动副】对话框"基座"区域中没有选择连杆的，称为固定副，或称为接地副。

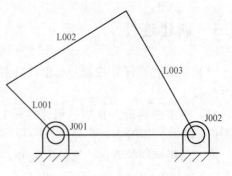

图 2-11　创建两个固定旋转副

6）单击"接头"按钮 ，选择直线 BC 为连杆，选择端点 B 为旋转中心，"方位类型"选择"矢量"，"指定矢量"选择"ZC" 。在【运动副】对话框中，单击"底数"区域的"选择连杆"按钮 ，选择直线 AB 为基座连杆，如图 2-12 所示。单击"应用"按钮，端点 B 显示一个相对旋转副图标，如图 2-13 所示，表示连杆 AB 和 BC 可以围绕端点 B 做相对旋转运动。

图 2-12　定义相对旋转副

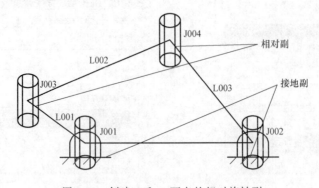

图 2-13　创建 B 和 C 两点的相对旋转副

7）单击"接头"按钮🏳，选择直线 BC 为连杆，选择端点 C 为旋转中心，"方位类型"选择"矢量"，"指定矢量"选择"ZC"📐。在【运动副】对话框中，单击"基座"区域的"选择连杆"按钮🔖，选择直线 CD 为基座连杆，单击"应用"按钮，端点 C 显示一个相对旋转副图标，表示连杆 BC 和 CD 可以围绕端点 C 做相对旋转运动，如图 2-13 所示。

注意：在【运动副】对话框"底数"区域中设定了连杆的，称为相对旋转副，简称相对副。接地副的图标上有短斜线，而相对副的图标上没有短斜线。

2.5 创建驱动

1）在"运动导航器"中先展开"运动副"，再双击"J001"，在【运动副】对话框中切换到"驱动"选项卡，在"旋转"下拉列表框中选择"多项式"选项，"初位移"设为 0°，"速度"设为 360°/s，"加速度"设为 0°/s^2，"加加速度"设为 0°/s^3，如图 2-14 所示。

2）单击"确定"按钮，完成驱动的添加，运动仿真区中旋转副 J001 上添加旋转驱动的标识，如图 2-15 所示，在"运动导航器"中"运动副"目录下的旋转副 J001 图标上也同时增加一个红色的旋转标识，如图 2-16 所示。

图 2-14 "驱动"选项卡

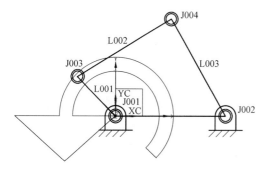

图 2-15 添加旋转图标

图 2-16 "运动导航器"

2.6 运动仿真

1）单击"解算方案"按钮🔖，在【解算方案】对话框中，"时间"文本框中输入"10"，"步数"文本框中输入"100"（表示运动时间为 10s，通过 100 步完成），其他参数采用默认值，如图 2-17 所示。

注意：读者可以任意设定"时间"和"步数"值，再对比仿真结果有何不同。

2）单击"确定"按钮，退出解算方案设置。

3）单击"求解"按钮，进行解算。解算时，系统会弹出解算的信息窗口，底部的状态栏显示当前的进度状态，完成解算后，状态栏当前进度显示100%，即可关闭信息窗口。

注意：如果在解算时出现如图2-18所示的异常窗口，则可能是NX文件名中含有中文字符或文档的路径含有中文字符。

4）在模型树中单击"动画"按钮 Default Animation，如图2-19所示，即可以观察到该四杆机构的运动情况（或者在横向菜单中单击"分析"选项卡，再单击"动画"按钮）。

图2-17 【解算方案】对话框

图2-18 解算异常窗口

图2-19 单击"Default Animation"按钮

2.7 隐藏运动副符号

1）单击鼠标右键，在下拉菜单中选择"撤消"命令。

2）选择"菜单|格式|移动至图层"命令，在【类选择】对话框中，单击"选择对象"按钮，在绘图区中选择所绘制的4条直线。

3）在【类选择】对话框中单击"确定"按钮，在【图层移动】对话框中的"目标图层或类别"栏中输入"2"，再单击"确定"按钮。

4）选择"菜单|格式|图层设置"命令，在【图层设置】对话框中双击"☑2"，将图层2设为工作图层，并取消勾选"□1"复选框，如图2-20所示。

5）单击"关闭"按钮，此时屏幕上只显示坐标系和4

图2-20 【图层设置】对话框

条直线。

6）重新单击"动画"按钮，可以观察到四杆机构的运行。

2.8 变为双曲柄机构

1）单击鼠标右键，选择"在窗口中打开"命令，在工作区上方选择"四杆机构.prt"，如图 2-21 所示。

2）选中"部件导航器"，选择☑品草图(1) "SKETCH_000"，再单击鼠标右键，选择"编辑"命令，如图 2-22 所示。

图 2-21 选择"四杆机构.prt"

3）将 AB 和 CD 的长度都设为 10mm，然后单击鼠标右键，选择"完成草图"命令。

4）在横向菜单中单击"应用模块"选项卡，再在快捷菜单栏中单击"运动"按钮 运动，进入运动仿真模式。

5）单击"求解"按钮，单击"动画"按钮 Default Animation，如图 2-19 所示，即可以观察到 AB 和 CD 都做圆周运动。

6）单击"保存"按钮，保存文档。

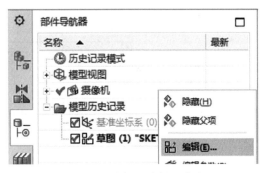

图 2-22 选择"编辑"命令

平面四杆机构（二）

本项目通过一个简单的实例，详细介绍由几个零件创建平面四杆机构仿真运动的过程。

3.1 创建零件图

按图 3-1～图 3-4 所示创建四个零件的实体。

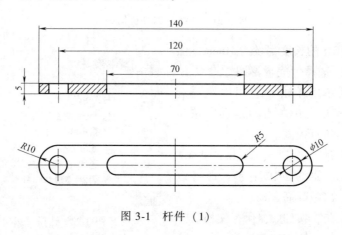

图 3-1 杆件（1）

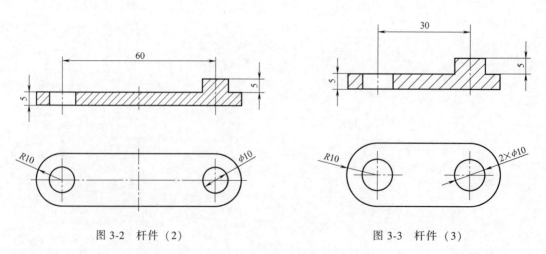

图 3-2 杆件（2）   图 3-3 杆件（3）

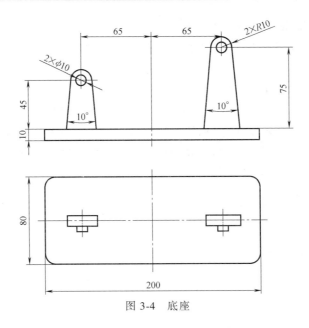

图 3-4　底座

3.2　创建装配图

1）单击"新建"按钮 ，在【新建】对话框中，单击"模型"选项卡，"单位"选择"毫米"，选择"装配"模板，"名称"设为"旋转机构.prt"，如图3-5所示。单击"确定"按钮，进入装配环境。

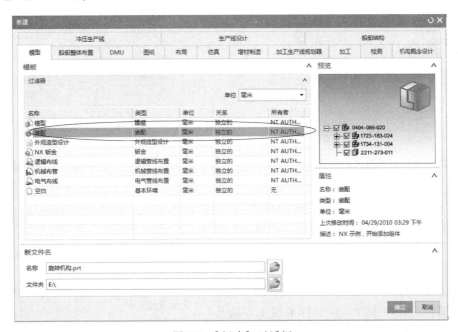

图 3-5　【新建】对话框

2）在【添加组件】对话框中单击"打开"按钮 ，打开"底座"的实体，在"位置"区域中,"组件锚点"选择"绝对坐标系","装配位置"选择"绝对坐标系-工作部件","放置"选择"⦿移动","引用集"选择"整个部件",单击"确定"按钮,如图3-6所示。

3)在【创建固定约束】对话框中,单击"是"按钮,装配第一个零件。

4)选择"菜单|装配|组件|添加组件"命令,在【添加组件】对话框中单击"打开"按钮,打开杆件(3)的实体,"组件锚点"选择"绝对坐标系","装配位置"选择"绝对坐标系-工作部件","放置"选择"⦿约束",在"约束类型"区域中单击"同心"按钮,并单击"下三角形"按钮▼,如图3-7所示。

图3-6 【添加组件】对话框

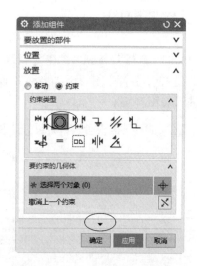

图3-7 单击"同心"按钮和"下三角形"按钮

5)单击"设置",再单击"互动选项",勾选"启用预览窗口"复选框,如图3-8所示,右下角会弹出一个小窗口。

6)在【添加组件】对话框中,单击"选择两个对象"按钮,再在小窗口中选择杆件(3)圆孔的圆周,然后在主窗口中选择底座上左边小圆柱的圆周,使两个圆周同心,如图3-9所示。

7)在"约束类型"区域中单击"接触对齐"按钮,在"方位"下拉列表框中选择"接触"

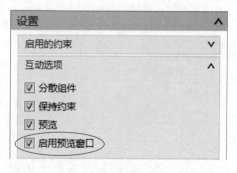

图3-8 勾选"启用预览窗口"复选框

选项，如图 3-10 所示。

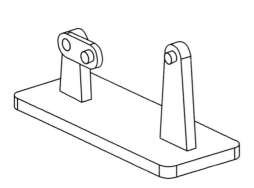

图 3-9 圆孔的圆周与底座上左边小圆柱的圆周同心

图 3-10 【装配约束】对话框

8）先按住鼠标中键，调整小窗口的视角后，选择小窗口零件的背面，再选择主窗口中底座上左边凸起的表面，如图 3-11 所示。单击"确定"按钮，杆件（3）和底座装配后如图 3-12 所示。

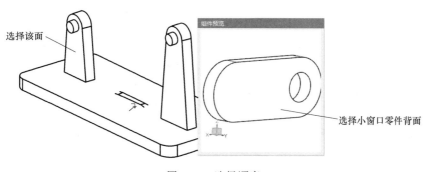

图 3-11 选择顺序

9）采用相同的方法，装配杆件（2）和底座，如图 3-12 所示。

10）采用相同的方法，装配杆件（1），其中杆件（1）的两个圆孔分别与杆件（2）和杆件（3）的圆柱同心，并且杆件（1）的背面与杆件（2）的表面接触。最后的组装图如图 3-13 所示。

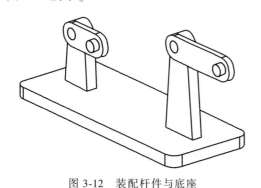

图 3-12 装配杆件与底座

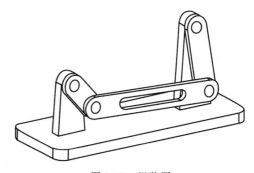

图 3-13 组装图

3.3　创建仿真

1. 进入仿真环境

1）在横向菜单中单击"应用模块"选项卡，再单击"运动"按钮 运动，进入运动仿真模式。

2）在"运动导航器"中选择"旋转机构"，再单击鼠标右键，选择"新建仿真"命令，"仿真名"设为"旋转副"。

3）在【环境】对话框中，"分析类型"选择"◉运动学"，勾选"新建仿真时启动运动副向导"复选框。

4）单击"确定"按钮，在【机构运动副向导】对话框中，单击"取消"按钮，取消系统的默认值，采用手动定义连杆与运动副，此时在"运动导航器"中出现"旋转副.sim"。

2. 创建连杆

1）单击"连杆"按钮，在【连杆】对话框中，单击"选择对象"按钮，选择底座，"质量属性选项"选择"自动"，在"设置"栏中勾选"无运动副固定连杆"复选框，"名称"设为L001，如图3-14所示。

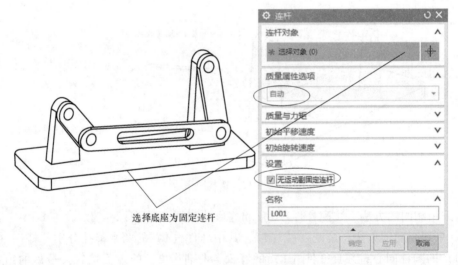

图3-14　设定固定连杆

2）单击"应用"按钮，设定底座为固定连杆，在"运动导航器"中，L001符号上带有接地标识，如图3-15所示。

3）采用相同的方法，设定第二个零件为活动连杆，在设定活动连杆时，必须在【连杆】对话框中取消勾选"无运动副固定连杆"复选框，如图3-16所示。

4）采用相同的方法，分别设定第三个、第四个零件为活动连杆。此时在"运动导航器"

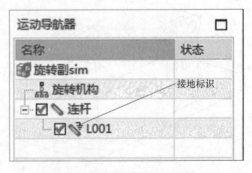

图3-15　L001符号上带有接地标识

中有 4 个连杆，其中只有 L001 带有接地标识，如图 3-17 所示。

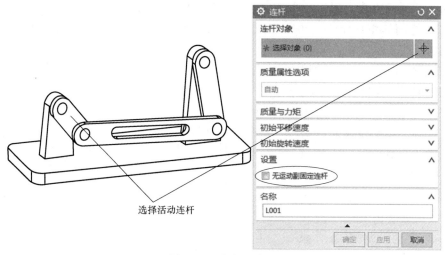

图 3-16　设定活动连杆

3. 创建旋转副

1）单击"接头"按钮🏁，在【运动副】对话框中，单击"定义"选项卡，"类型"选择"旋转副"，"方位类型"选择"矢量"，"指定矢量"选择"面/平面法向"⏢，取消勾选"啮合连杆"复选框，选择旋转副的两个零件，选择圆心为旋转副的中心，如图 3-18 所示。

图 3-17　创建 4 个连杆

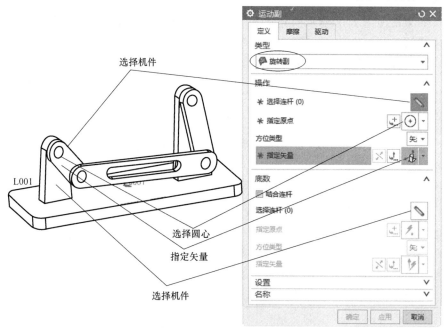

图 3-18　创建第一个相对旋转副

2）单击"应用"按钮，创建杆件（3）和底座之间的相对旋转副 J001。

3）采用相同的方法，创建杆件（1）和杆件（3）之间的相对旋转副 J002、杆件（1）和杆件（2）之间的相对旋转副 J003 以及杆件（2）和底座之间的相对旋转副 J004。

4. 创建驱动

1）双击 J001，在【运动副】对话框中切换到"驱动"选项卡，在"旋转"下拉列表框中选择"多项式"选项，"初位移"设为 0°，"速度"为 100°/s，"加速度"设为 0°/s^2。

2）单击"确定"按钮，完成驱动的添加，运动仿真区中旋转副 J001 上将添加旋转驱动的标识，如图 3-19 所示。

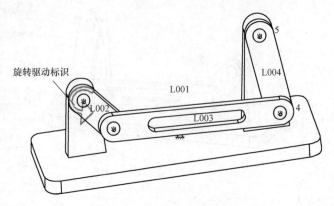

图 3-19　添加旋转驱动的标识

5. 运动仿真

1）单击"解算方案"按钮 ，在【解算方案】对话框中的"时间文本框中"输入"10"，"步数"文本框中输入"100"，表示运动时间为 10s，运动过程通过 100 步完成，其他参数采用默认值。

注意：读者可以任意设定"时间"和"步数"值，再对比仿真结果有何不同。

2）单击"确定"按钮，退出解算方案设置。

3）单击"求解"按钮 ，系统自动进行解算。解算时会弹出解算的信息窗口，底部的状态栏显示当前的进度状态，完成解算后，状态栏当前进度显示 100%，即可关闭信息窗口。

注意：如果出现图 2-18 所示的异常窗口，那么将文件名和路径名均改为英文，并从 3.3 节的第 1 步开始重新操作。

4）单击"动画"按钮 Default Animation，如图 2-19 所示，即可以观察到该四杆机构的运动情况。

项目 4

碰撞机构

本项目通过一个简单的实例，详细介绍创建旋转和碰撞机构仿真运动的过程。

4.1 建模

创建三个零件的实体，零件图如图 4-1～图 4-3 所示。

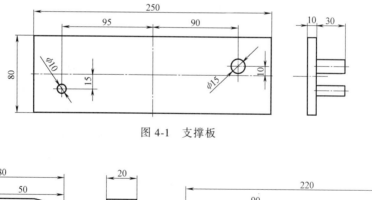

图 4-1　支撑板

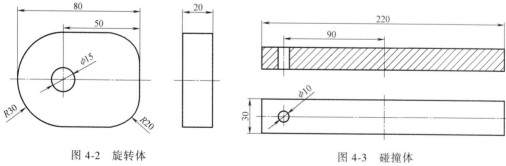

图 4-2　旋转体　　　　　　　　　　图 4-3　碰撞体

4.2 创建装配图

1）单击"新建"按钮，在【新建】对话框中单击"模型"选项卡，"单位"选择"毫米"，选择"装配"模板，"名称"设为"碰撞机构.prt"，单击"确定"按钮。

2）在【添加组件】对话框中，单击"取消"按钮，进入装配环境。

29

3）选择"菜单｜插入｜基准/点｜基准平面"命令，在【基准平面】对话框中"类型"选择"XC-ZC 平面"选项，"距离"设为 0，单击"确定"按钮，创建 ZOX 平面。

4）按相同的方法，创建 ZOY 平面和 XOY 平面。

5）选择"菜单｜装配｜组件｜添加组件"命令，在【添加组件】对话框中，单击"打开"按钮 ，打开支撑板实体，"组件锚点"选择"绝对坐标系"，"装配位置"选择"绝对坐标系-工件部件"，"放置"选择" 约束"，在"约束类型"区域中单击"接触对齐"按钮 ，"方位"选择"接触"，先单击"选择两个对象"按钮 ，再按图 4-4 所示的方法进行装配，其中零件底面与 XOY 平面接触，零件侧面与 ZOX 平面接触，零件前面与 ZOY 平面接触。

注意：如果装配时出现红色的约束符号，有时可以通过单击"反向"按钮 解决。

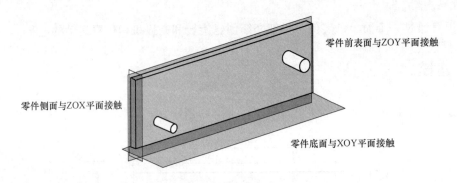

零件前表面与ZOY平面接触

零件侧面与ZOX平面接触

零件底面与XOY平面接触

图 4-4　装配方法

6）同时按住键盘上的<Ctrl+W>组合键，在【显示与隐藏】对话框中，单击"基准平面"所对应的"−"，隐藏 3 个基准平面。

7）选择"菜单｜装配｜组件｜添加组件"命令，在【添加组件】对话框中，单击"打开"按钮 ，打开旋转体实体，"组件锚点"选择"绝对坐标系"，"装配位置"选择"工作坐标系"，"放置"选择" 约束"，在"约束类型"区域中单击"接触对齐"按钮 ，"方位"选择"对齐"选项，先单击"选择两个对象"按钮 ，再选择小窗口中零件圆孔的中心线（具体方法是把光标放在圆孔附近，稍微停顿，光标右下角出现三个小白点后，再单击鼠标左键，在"快速选择"框中选择中心线，以下操作方法相同），然后选择主窗口中零件的右上角圆柱的中心线，如图 4-5 所示。

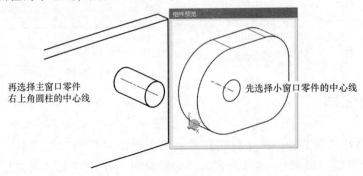

再选择主窗口零件
右上角圆柱的中心线

先选择小窗口零件的中心线

图 4-5　选择顺序

8）在【添加组件】对话框中"方位"选择"接触"选项，先选择小窗口中零件背面，再选择主窗口零件的表面，如图4-6所示。

注意：如果装配后，第二个零件在第一个零件的背后，可能是第二个零件的表面选错了，需重新选择另一个表面。

9）采用相同的方法，装配第三个零件，圆孔与圆柱的中心线对齐，第三个零件背面与第一个零件表面接触，如图4-6所示。

10）在"装配导航器"中选中第三个零件，单击鼠标右键，选择"装配约束"命令，如图4-7所示。

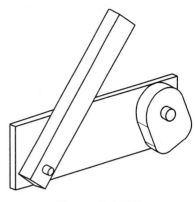

图4-6 装配零件

11）在【装配约束】对话框中，单击"接触对齐"按钮，"方位"选择"接触"选项，则第三个零件背面和第二个零件的圆弧面接触。完成后的装配图如图4-8所示。

图4-7 选择"装配约束"命令

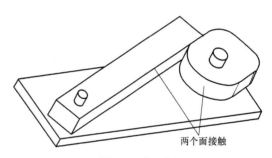

两个面接触

图4-8 装配图

4.3 创建仿真

1. 进入仿真环境

1）在横向菜单中，单击"应用模块"选项卡，再单击"运动"按钮 运动，进入运动仿真模式。

2）在"运动导航器"中选择"碰撞机构"，再单击鼠标右键，选择"新建仿真"命令，"仿真名"设为"碰撞机构运动仿真.sim"。

3）单击"确定"按钮，在【环境】对话框中，"分析类型"选择"◉动力学"，勾选"新建仿真时启动运动副向导"复选框。

4）单击"确定"按钮，在【机构运动副向导】对话框中，单击"取消"按钮，取消系统的默认值，采用手动定义连杆与运动副。

2. 创建连杆

1）单击"连杆"按钮，在【连杆】对话框中，单击"连杆对象"栏中的"选择对象"按钮，选择旋转体实体，"质量属性选项"选择"自动"，取消勾选"无运动固定副连杆"复选框,"名称"设为 L001,如图 4-9 所示。

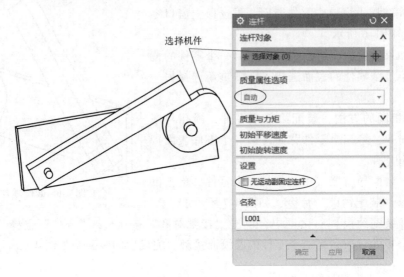

选择机件

图 4-9　创建连杆（1）

2）单击"确定"按钮,创建连杆（1）,该连杆为活动连杆 L001。

3）采用相同的方法,设定另外两个零件为活动连杆 L002、L003。

3. 创建固定副

1）单击"接头"按钮,在【运动副】对话框中,单击"定义"选项卡,"类型"选择"固定副","方位类型"选择"矢量","指定矢量"选择"YC",取消勾选"啮合连杆"复选框,"底数"栏中的"选择连杆"也不用选择,如图 4-10 所示。

2）选择图 4-1 所示的支撑板,单击"确定"按钮,设定该零件为固定零件,即该零件在仿真运动中是固定不动的。在"运动导航器"中,"运动副"的下层文件夹中出现 J001,且 J001 带有接地标识,如图 4-11 所示。

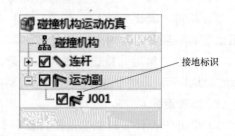

接地标识

图 4-10　设定【运动副】对话框　　　　图 4-11　带有接地标识

4. 创建旋转副

1）单击"接头"按钮⬛，在【运动副】对话框中，单击"定义"选项卡，"类型"选择"旋转副"，"方位类型"选择"矢量"，"指定矢量"选择"面/平面法向"，选取零件前表面，取消勾选"啮合连杆"复选框，选择旋转副的两个零件，选择圆心为旋转副的中心，如图 4-12 所示。

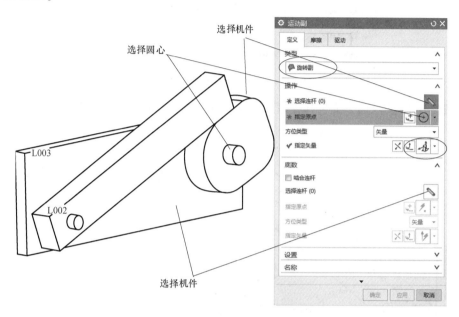

图 4-12　第一组旋转副的两个零件

2）单击"应用"按钮，创建旋转体与支撑板之间的旋转副 J002。

3）采用相同的方法，创建另一个零件与支撑板之间的相对旋转副 J003，如图 4-13 所示。

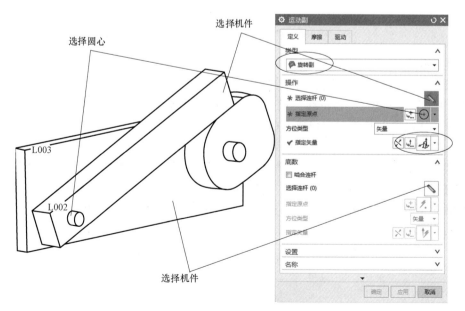

图 4-13　第二组旋转副的两个零件

5. 创建碰撞

1）在屏幕上方的快捷工具栏中，单击"3D接触"按钮，如图4-14所示。注意：如果"3D接触"按钮呈灰色，那么在4.3节中第1步的【环境】对话框中将"分析类型"改选为"动力学"。

图4-14　单击"3D接触"按钮

2）按图4-15所示的方式选择操作体和基本体。其他参数采用默认值。

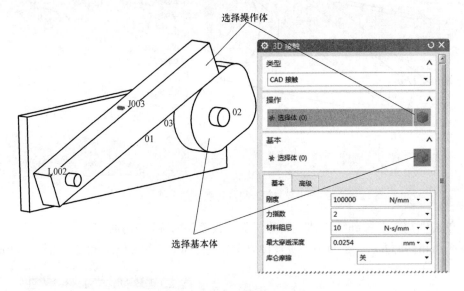

图4-15　选择碰撞的两个零件

6. 创建驱动

1）双击J002，在【运动副】对话框中，切换到"驱动"选项卡，在"旋转"下拉列表框中选择"恒定"选项，"初位移"设为0°，"速度"设为100°/s，"加速度"设为0°/s²。

2）单击"确定"按钮，完成驱动的添加。

7. 运动仿真

1）单击"解算方案"按钮📑，在【解算方案】对话框中的"时间"文本框中输入"50"，"步数"文本框中输入"100"，其他参数采用默认值。

2）单击"确定"按钮，单击"求解"按钮📋（注意："3D接触"的运算时间较长）。

3）单击"动画"按钮🎬Default Animation，即可以观察到该机构的运动情况。

→ 项目⑤ ←

凸轮机构

本项目通过一个简单的实例，详细介绍在 NX 下创建凸轮机构运动仿真的过程。

5.1　建模

先在 NX 下创建下列各零件的实体，零件图如图 5-1～图 5-6 所示。

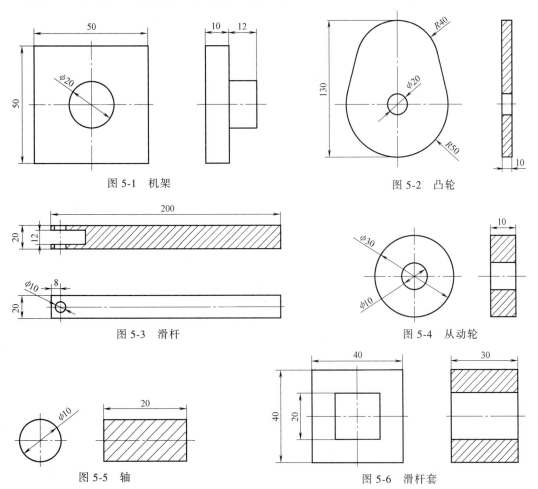

图 5-1　机架

图 5-2　凸轮

图 5-3　滑杆

图 5-4　从动轮

图 5-5　轴

图 5-6　滑杆套

35

5.2 装配

1. 在实体上创建基准平面

1）启动 NX12.0，单击"打开"按钮 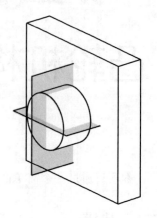，打开"机架.prt"。

2）选择"菜单|插入|基准/点|基准平面"命令，在【基准平面】对话框中，"类型"选择"XC-YC平面"，选择"WCS"，"距离"设为0。单击"确定"按钮，创建 XOY 基准平面。

3）采用相同的方法，创建 YOZ 基准平面，如图 5-7 所示。

4）选择"菜单|格式|引用集"命令，在【引用集】对话框中单击"添加新的引用集"按钮 ，选择实体和刚才创建的 2 个基准平面，创建新的引用集"REFERENCE_ SET1"，如图 5-8 所示。

图 5-7 创建 XOY 和 YOZ 基准平面

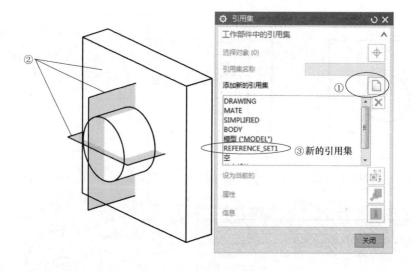

图 5-8 创建引用集

5）单击"关闭"按钮，再单击"保存"按钮 。

6）采用上述方法，在凸轮实体上创建 XOY、YOZ 基准平面，如图 5-9 所示，并创建新的引用集。

2. 装配第 1 个零件

1）单击"新建"按钮 ，在【新建】对话框中，"新文件名称"设为"凸轮机构.prt"，"单位"选择"毫米"，选择"装配"模板，单击"确定"按钮。在【添加组件】对话框中，单击"打开"按钮 ，选择"机架.prt"。

2）在【添加组件】对话框中，"组件锚点"选择"绝对坐标系"，"装配位置"选择

"绝对坐标系-工件部件","放置"选择"◉移动"。

3）单击"确定"按钮，装配第1个零件，此时工作区中没有显示基准平面。

4）在"装配导航器"中选择"机架"，单击鼠标右键，选择"替换引用集"命令，再选择"REFERENCE_ SET1"命令，如图5-10所示，实体中显示基准平面。

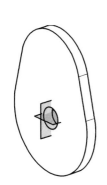

图5-9　创建 XOY 和
YOZ 基准平面

图5-10　选择"替换引用集"命令，
再选择"REFERENCE_ SET1"命令

3. 装配第2个零件

1）选择"菜单|装配|组件|添加组件"命令，在【添加组件】对话框中，单击"打开"按钮🗁，选择"凸轮.prt"，单击"OK"按钮，弹出"凸轮.prt"的小窗口，此时小窗口中的零件没有显示基准平面。

注意：如果没有出现小窗口，则按图3-8的方法使小窗口显现出来。

2）在【添加组件】对话框中，"放置"选择"◉约束"，"引用集"选择"整个部件"，如图5-11所示，小窗口中的零件显示基准平面，单击"确定"按钮。

3）选择凸轮的 XOY 平面与机架的 XOY 平面对齐（为了选择方便，建议取消勾选图5-11中的"预览"复选框），凸轮的 ZOY 平面与机架的 ZOY 平面对齐，凸轮的背面与机架的表面接触，装配后如图5-12所示。

图5-11　设定【添加组件】对话框

4. 装配第3个零件

在装配从动轮时，需用"距离"🔟约束，如果偏向相反的方向，则可以单击"反向"按钮进行调整，如图5-13所示。

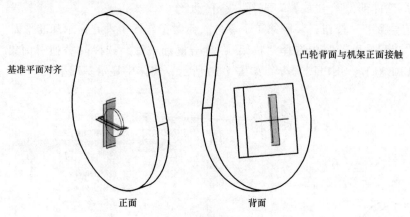

基准平面对齐

凸轮背面与机架正面接触

正面   背面

图 5-12   装配凸轮与机架

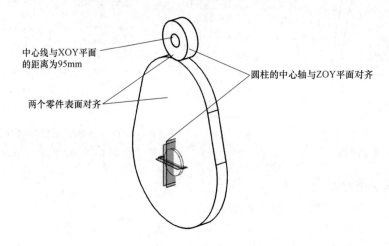

中心线与XOY平面
的距离为95mm

圆柱的中心轴与ZOY平面对齐

两个零件表面对齐

图 5-13   装配第 3 个零件

5. 装配第 4 个零件

步骤略,结果如图 5-14 所示。

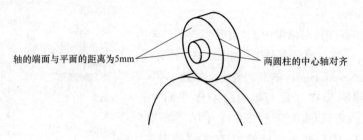

轴的端面与平面的距离为5mm

两圆柱的中心轴对齐

图 5-14   装配第 4 个零件

6. 装配第 5 个、第 6 个零件

步骤略,结果如图 5-15 所示。

7. 保存文档

单击"保存"按钮🖫,保存文档。

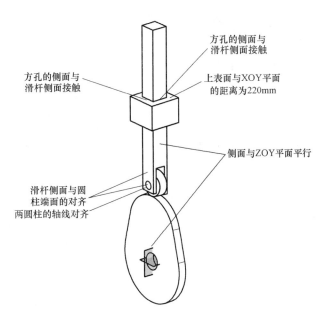

方孔的侧面与
滑杆侧面接触

上表面与XOY平面
的距离为220mm

方孔的侧面与
滑杆侧面接触

侧面与ZOY平面平行

滑杆侧面与圆
柱端面的对齐

两圆柱的轴线对齐

图 5-15 装配第 5 个、第 6 个零件

5.3 创建仿真

1. 进入仿真环境

1）在横向菜单中，单击"应用模块"选项卡，再单击"运动"按钮🏠 运动，进入运动仿真模式。

2）在"运动导航器"中选择"凸轮机构"，再单击鼠标右键，选择"新建仿真"命令，"仿真名"设为"凸轮机构运动仿真.sim"，单击"确定"按钮。

3）在【环境】对话框中，"分析类型"选择"◉动力学"，勾选"新建仿真时启动运动副向导"复选框。

4）单击"确定"按钮，在【机构运动副向导】对话框中，单击"取消"按钮，取消系统的默认值，采用手动定义连杆与运动副。

2. 创建连杆

1）单击"连杆"按钮🖊，在【连杆】对话框中，单击"连杆对象"栏中的"选择对象"按钮⊞，选择机架实体，"质量属性选项"选择"自动"，在"设置"栏中勾选"无运动副固定连杆"复选框。单击"应用"按钮，设定机架为固定连杆。

2）采用相同的方法，设定滑杆套为固定连杆。

3）在【连杆】对话框中，取消勾选"无运动副固定连杆"复选框，分别设定凸轮、从动轮、轴、滑杆为活动连杆。注意：每个零件应单独设定一次。

3. 创建运动副

1）单击"接头"按钮🏳，在【运动副】对话框中，单击"定义"选项卡"类型"选择"旋转副"，选择凸轮，选择凸轮小孔的圆心为旋转副的中心，"方位类型"选择"矢量","指定矢量"选择"YC"⬚，取消勾选"啮合连杆"复选框，如图5-16所示，设定凸轮与机架之间为相对旋转副。

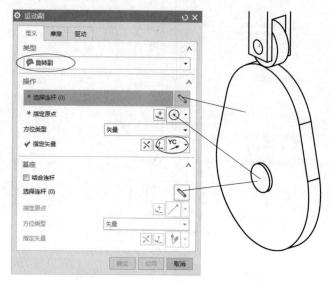

图5-16　设定凸轮与机架之间为相对旋转副

2）采用相同的方法，分别定义从动轮与轴之间、轴与滑杆之间为相对旋转副。

3）定义从动轮与凸轮之间是"线在线上副"，设定步骤如下：

① 在工作区上方单击"线在线上副"按钮，如图5-17所示。

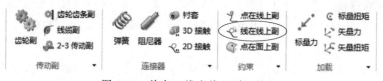

图5-17　单击"线在线上副"按钮

② 再按图5-18所示的方式设定"线在线上副"。注意：凸轮的轮廓线由于分成多段，故应选择凸轮的所有轮廓线。

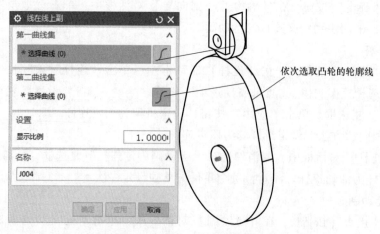

图5-18　设定"线在线上副"

4）定义滑杆为接地滑动副（注意：类型为"滑块"），如图 5-19 所示。

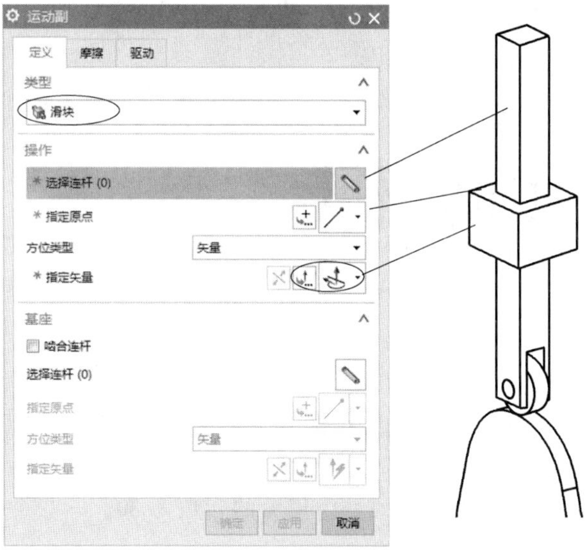

图 5-19 定义滑杆和滑杆套的运动副为滑块副

4. 创建驱动

1）双击凸轮与机架之间的旋转副，在【运动副】对话框中，切换到"驱动"选项卡，在"旋转"下拉列表框中选择"多项式"选项，"初位移"设为 0°，"速度"设为 100°/s，"加速度"设为 0°/s^2。

2）单击"确定"按钮，完成驱动的添加，运动仿真区旋转副上添加旋转驱动的标识。

5. 运动仿真

1）单击"解算方案"按钮，在【解算方案】对话框中的"时间"文本框中输入"10"，"步数"文本框中输入"100"，其他参数采用系统默认值。

2）单击"确定"按钮，再单击"求解"按钮。

3）在横向菜单中单击"分析"选项卡，再单击"动画"按钮，在【动画】对话框中，单击"播放"按钮▶，即可以观察到该机构的运动情况。

齿轮传动机构

本项目通过一个简单的实例，详细介绍渐开线齿轮的建模过程，以及齿轮传动仿真运动的创建过程。啮合齿轮的模数为 0.5mm，齿宽为 2.0mm，压力角为 20.0°，一个齿轮的牙数（标准术语为"齿数"，后同）为 20，另一个齿轮的牙数为 30。

6.1 创建啮合齿轮

1）启动 NX12.0，单击"新建"按钮 📄，在【新建】对话框中，"名称"设为"齿轮机构.prt"，"单位"选择"毫米"，选择"模型"模板。

2）单击"确定"按钮，进入建模环境。

3）选择"菜单|GC 工具箱|齿轮建模|柱齿轮"命令，在【渐开线圆柱齿轮建模】对话框中，选择"◉创建齿轮"选项，如图 6-1 所示。

4）单击"确定"按钮，在【渐开线圆柱齿轮类型】对话框中，选择"◉直齿轮""◉外啮合齿轮""◉滚齿"选项，如图 6-2 所示。

图 6-1 【渐开线圆柱齿轮建模】对话框　　　　图 6-2 【渐开线圆柱齿轮类型】对话框

5）单击"确定"按钮，在【渐开线圆柱齿轮参数】对话框中，"名称"设为"A1"，"模数"设为 0.5mm，"牙数"设为 20，"齿宽"设为 2.0mm，"压力角"设为 20.0°，如图 6-3 所示。

6）单击"确定"按钮，在【矢量】对话框中，"类型"选择"ZC轴"，如图6-4所示。

图6-3 【渐开线圆柱齿轮参数】对话框

图6-4 【矢量】对话框

7）单击"确定"按钮，在【点】对话框中"类型"选择"自动判断的点"，"参考"选择"绝对-工件部件"，输入齿轮中心点坐标（0, 0, 0）。

8）单击"确定"按钮，创建第一个齿轮，如图6-5中左边的小齿轮所示。

9）采用相同的方法，创建第二个齿轮，第二个齿轮的"名称"设为"A2"，"模数"设为0.5mm，"牙数"设为30，"齿宽"设为2.0mm，"压力角"设为20.0°，第二个齿轮的中心点为（10, 0, 0），如图6-5中右边的大齿轮所示。

10）选择"菜单｜GC工具箱｜齿轮建模｜柱齿轮"命令，在【渐开线圆柱齿轮建模】对话框中，选择"齿轮啮合"选项，如图6-6所示。

11）在【选择齿轮啮合】对话框中，先选择"A1（general gear）"，然后单击"设置主动齿轮"按钮（注意：啮合时该齿轮不动），再选择"A2（general gear）"，然后单击

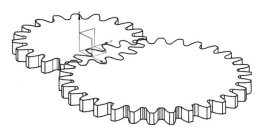

图6-5 创建圆柱齿轮

"设置从动齿轮"按钮（注意：啮哈时该齿轮转动），如图6-7所示。

图6-6 选择"啮合齿轮"选项

图6-7 设定主动齿轮和从动齿轮

12）在【选择齿轮啮合】对话框中，单击"中心连线向量"按钮，在【矢量】对话框中，"类型"选择"XC轴"，如图6-8所示。

13）单击"确定"按钮，再单击"确定"按钮，两个齿轮啮合效果如图6-9所示。

注意：两个齿轮的模数、压力角必须相等才能啮合。

图6-8 "类型"选择"XC轴"

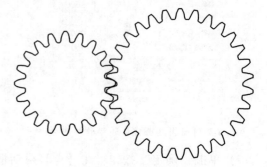

图6-9 两个齿轮啮合

6.2 创建仿真

1. 进入仿真环境

1）在横向菜单中，单击"应用模块"选项卡，再单击"运动"按钮 运动，进入运动仿真模式。

2）在"运动导航器"中选择"齿轮机构"，再单击鼠标右键，选择"新建仿真"命令，"仿真名"设为"chilun.sim"。

3）单击"确定"按钮，在【环境】对话框中，"分析类型"选择"运动学"，勾选"新建仿真时启动运动副向导"复选框。

4）单击"确定"按钮，在【机构运动副向导】对话框中，单击"取消"按钮，不使用默认值，采用手动定义连杆与运动副。

2. 创建连杆

单击"连杆"按钮，设定第一个齿轮为活动连杆L001，第二个齿轮设为活动连杆L002。

3. 创建旋转副

1）单击"接头"按钮，在【运动副】对话框中，单击"定义"选项卡，"类型"选择"旋转副"选项。

2）选择第一个齿轮，在【运动副】对话框中，单击"指定原点"按钮。在【点】对话框中，"类型"选择"圆弧中心/椭圆中心/球心"选项，选择齿轮的齿根圆边线，如图6-10所示，以齿轮的圆心为旋转点。

3）在【运动副】对话框中，单击"指定矢量"按钮，在"矢量"下拉列表框中选择"ZC"，其他采用默认值。

4）单击"应用"按钮，第一个齿轮的圆心会显示一个固定旋转副的图标，创建固定旋转副J001，表示第一个齿轮可以围绕圆心做旋转运动，如图6-11所示。

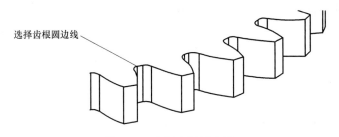

选择齿根圆边线

图 6-10 选择齿根圆边线

5）采用相同的方法，选择第二个齿轮创建固定旋转副 J002，如图 6-11 所示。

4. 创建驱动

1）在"运动导航器"中双击"J001"，在【运动副】对话框中，切换到"驱动"选项卡，在"旋转"下拉列表框中选择"多项式"选项，"初位移"设为 0°，"速度"设为 5°/s，"加速度"设为 $0°/s^2$。

2）单击"确定"按钮，完成驱动的添加，运动仿真区中旋转副 J001 上添加旋转驱动的标识，如图 6-12 所示。

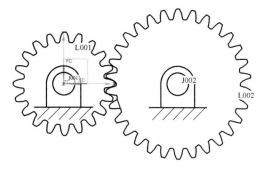

图 6-11 创建两个固定旋转副

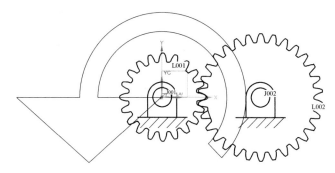

图 6-12 添加旋转驱动标识

5. 添加齿轮副

1）在快捷工具栏中单击"齿轮耦合副"按钮，如图 6-13 所示。

图 6-13 单击"齿轮耦合副"按钮

2）在【齿轮耦合副】对话框中，单击"第一个运动副"选项组下方的"选择运动副（1）"按钮，在"运动导航器"中选择"J001"，在【齿轮耦合副】对话框中"第一个运动副"选项组下方"齿轮半径"文本框中输入"20×0.5/2"；再单击"第二个运动副"选项组下方的"选择运动副（1）"按钮 ，在"运动导航器"中选择"J002"，在【齿轮耦合副】对话框中"第二个运动副"选项组下方"齿轮半径"文本框中输入"30×0.5/2"。在【齿轮耦合副】对话框中的"显示比例"文本框中输入"20/30"（主动轮与从动轮的齿数比），如图 6-14 所示。

图 6-14　【齿轮耦合副】对话框

6. 运动仿真

1）单击"解算方案"按钮 ，在【解算方案】对话框中的"时间"文本框中输入"72"，"步数"文本框中输入"200"，其他参数采用默认值，单击"确定"按钮。

2）单击"求解"按钮 。

3）单击 Default Animation，即可以观察到该机构的运动情况。或者单击横向菜单中的"分析"选项卡，再单击"动画"按钮 ，在【动画】对话框中单击"播放"按钮▶，即可以观察到该机构的运动情况。

4）单击"保存"按钮 ，保存文档。

项目 ⑦

齿轮齿条传动机构

本项目介绍齿轮齿条传动机构，并介绍了两种齿轮、齿条的建模方法：一种是从上往下建模的方法，先创建齿轮和齿条的整体造型，再运用 WAVE 模式，创建齿轮和齿条的模型；另一种是齿轮和齿条分开建模的方法，这两种方法都非常实用。

7.1 齿条的画法

先画一条基线，在基线上方画一条齿顶线，与基线的距离 $h_1 = m$（m 为齿条的模数），在基线下方画一条齿根线，与基线的距离 $h_2 = 1.25m$。在基线上取两点（两点的距离为 $\pi m/2$，为齿距），经过所取的两点相向画斜线，上至齿顶线，下至齿根线，倾斜角为 20°（压力角）。再根据齿距的倍数水平阵列。齿条简图如图 7-1 所示。齿条参数的名称、代号及计算公式见表 7-1。

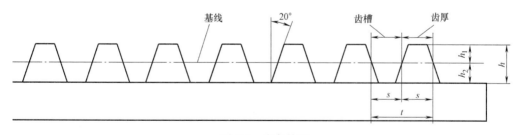

图 7-1　齿条简图

表 7-1　齿条参数的名称、代号及计算公式

名　　称	代　　号	计 算 公 式
模数	m	—
齿距[①]	t	$t = \pi m$
齿厚	s	$s = t/2$
齿顶高	h_1	$h_1 = m$
齿根高	h_2	$h_2 = 1.25m$
齿高	h	$h = h_1 + h_2$

① 齿距为标准术语，NX12.0 中为节距。

7.2 用 WAVE 方式创建齿轮、齿条

1.齿轮建模

1）启动 NX12.0，单击"新建"按钮，在【新建】对话框中，"名称"设为"齿轮齿条.prt"，"单位"选择"毫米"，选择"模型"模板。单击"确定"按钮，进入建模环境。

2）按照前面项目中的建模方法，先创建一个柱齿轮，齿轮的模数为 0.5mm，齿数为 20，齿宽为 2.0mm，压力角为 20.0°。齿轮的前表面与 ZOX 平面重合，如图 7-2 所示。

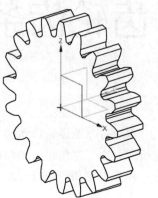

图 7-2 齿轮

2.齿条建模

（1）绘制齿轮分度圆 选择"菜单｜插入｜草图"命令，以齿轮的表面为草绘平面，以齿轮圆心绘制一个圆，圆的直径 = 齿数×模数 = 20×0.5mm，如图 7-3 所示。

（2）绘制齿条基线

1）选择"菜单｜插入｜曲线｜直线"命令，在工具条中单击"相交"按钮，如图 7-4 所示。

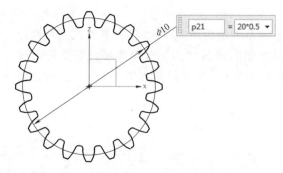

图 7-3 绘制分度圆

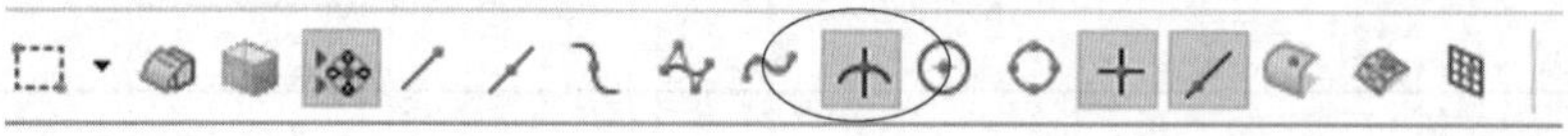

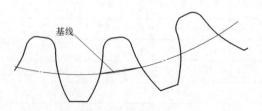

图 7-4 单击"相交"按钮

2）经过分度圆与齿轮轮廓线的两个交点绘制一条直线，该直线就是齿条的基线，如图 7-5 所示。

基线

图 7-5 绘制齿条的基线

（3）创建齿条的第一个轮齿特征

1）单击"拉伸"按钮█，以齿轮的端面为草绘平面，任意绘制一个截面，如图 7-6a 所示。

2）单击"几何约束"按钮◢，在【几何约束】对话框中，单击"点在曲线上"按钮↑，先选择图 7-5 中基线的端点，再在【几何约束】对话框中，单击"选择要约束到的对象"按钮⊞，选择梯形的腰，基线的端点在梯形的腰上（两个端点和两条腰约束两次）。

3）在【几何约束】对话框中，单击"平行"按钮∥，先选择梯形的底边，再在【几何约束】对话框中，单击"选择要约束到的对象"按钮⊞，选择基线，梯形的底边与基线平行（注意有两条底边，故需约束两次）。

4）单击"线性尺寸"按钮╌，在【线性尺寸】对话框中，"测量方法"选择"垂直"⟨ ⌁ 垂直　　 ▼ ⟩，标注尺寸后，如图 7-6b 所示。

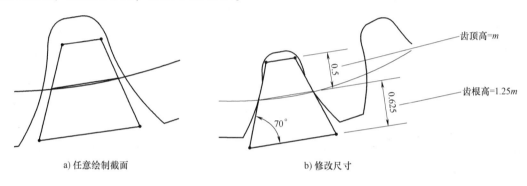

a) 任意绘制截面　　　　　　　　　b) 修改尺寸

图 7-6　绘制截面

5）单击"完成草图"按钮▨，在【拉伸】对话框中，"开始距离"设为 0，"结束距离"设为 2mm，"布尔"选择"无"（注意：不能求和）。

6）单击"确定"按钮，在齿轮的两个齿槽中间创建一个轮齿，如图 7-7 所示。

（4）创建齿条基体

1）单击"拉伸"按钮█，以齿轮的端面为草绘平面，先任意绘制一个四边形（四边形的边线不能水平或竖直，也不能互相约束），如图 7-8a 所示。再单击"几何约束"按钮◢，在【几何约束】对话框中，单击"共线"按钮▨，使矩形的一边与图 7-6

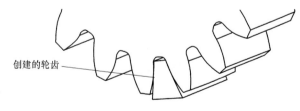

图 7-7　创建的轮齿

中梯形的下底共线；单击"平行"按钮∥，使四边形的边两两平行；单击"垂直"按钮⌐，使四边形的四个角成直角；单击"重合"按钮▱，使四边形的顶点与梯形的顶点重合。然后修改尺寸为 35mm×1mm，如图 7-8b 所示。

2）单击"完成草图"按钮▨，在【拉伸】对话框中，"开始距离"设为 0，"结束距离"设为 2mm，"布尔"选择"无"。

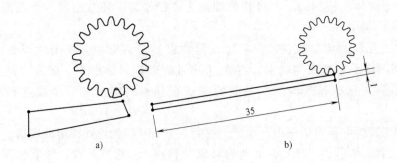

图 7-8　绘制截面

3）单击"确定"按钮，创建的齿条基体如图 7-9 所示。

（5）阵列齿特征

1）选择"菜单｜插入｜关联复制｜阵列特征"命令，选择图 7-7 中所创建的轮齿为要阵列的特征，在【阵列特征】对话框中，"布局"选择"线性" ▦ ，"指定矢量"选择"曲线/轴矢量" ⬓ ，选择齿条长方向的边线为阵列方向，"间距"选择"数量和间隔"，"数量"设为 22，"节距"设为 pi（）* 0.5（注意：pi（）表示 π），如图 7-10 所示。

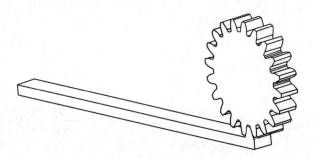

图 7-9　创建的齿条基体

图 7-10　【阵列特征】对话框

2）单击"确定"按钮，创建齿条齿的阵列特征，如图7-11所示。

3）单击"合并"按钮 🔗，将齿条基体和齿合并成一个整体。

3. 在 WAVE 模式下创建齿轮、齿条文档

1）在左边的工具条中单击"装配导航器"按钮，再在空白处单击鼠标右键，在弹出的快捷菜单中选择"WAVE 模式"，如图7-12所示。

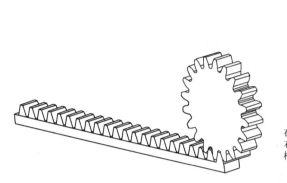

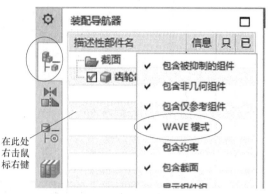

图7-11　创建齿条齿的阵列特征　　　　　图7-12　勾选"WAVE 模式"

2）在"装配导航器"中选择"齿轮齿条"，单击鼠标右键，选择"WAVE"→"新建层"命令，如图7-13所示。

图7-13　选择"WAVE"→"新建层"命令

3）在【新建层】对话框中，单击"指定部件名"按钮，如图7-14所示。

4）在【选择部件名】对话框中，输入文件名为"齿条"，单击"OK"按钮，如图7-15所示。

5）在【新建层】对话框中，单击"类选择"按钮，先在工具条中选择"实体"，如图7-16所示，再选择齿条，如图7-17所示。

6）单击"确定"按钮，再单击"确定"按钮，则在"装配导航器"中"齿轮齿条"的下层文件中添加"齿条"，如图7-18所示，表示已创建"齿条.prt"。

7）采用相同的方法，创建"齿轮.prt"，如图7-18所示。

图7-14　单击"指定部件名"按钮

8）单击"保存"按钮 💾，文件夹中添加了"齿条.prt"和"齿轮.prt"两个文档。注意：在未保存前，文件夹中是不存在这两个文档的。

图 7-15　输入文件名为"齿条"

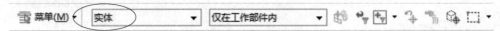

图 7-16　选择"实体"

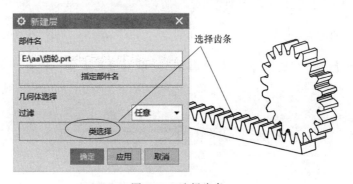

图 7-17　选择齿条

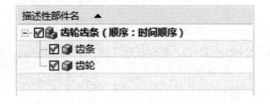

图 7-18　创建"齿条.prt"和"齿轮.prt"

7.3　创建仿真

1. 进入仿真环境

1）在横向菜单中单击"应用模块"选项卡，再单击"运动"按钮 🔺 运动，进入运动仿真模式。

2）在"运动导航器"中选择"齿轮齿条"，再单击鼠标右键，选择"新建仿真"命令，"仿真名"设为"齿轮齿条运动仿真.sim"。

3）单击"确定"按钮，在【环境】对话框中，"分析类型"选择"◉运动学"，取消勾选"新建仿真时启动运动副向导"复选框。

4）单击"确定"按钮，进入仿真环境。

2. 创建连杆

1）单击"连杆"按钮，在【连杆】对话框中，单击"连杆对象"栏中的"选择对象"按钮，先在工具条中选择"实体"，如图7-16所示；再选择齿轮，"质量属性选项"选择"自动"；在"设置"栏中取消勾选"无运动副固定连杆"复选框，设定齿轮为活动连杆L001。

2）采用同样的方法，设定齿条为活动连杆L002。

3. 创建运动副

1）单击"接头"按钮，在【运动副】对话框中，单击"定义"选项卡，"类型"选择"旋转副"，选择齿轮的圆心为旋转副的中心，"方位类型"选择"矢量"，"指定矢量"选择"YC"，取消勾选"啮合连杆"复选框，设定齿轮为接地旋转副。

2）采用相同的方法，创建齿条为接地滑动副，"类型"选择"滑块"，"指定原点"选择齿条的端点，"指定矢量"选择"曲线/轴矢量"，选择齿条边线为滑块方向，如图7-19所示。

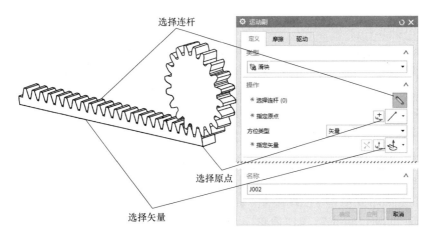

图7-19 设定滑块副

4. 创建驱动

1）双击J001，在【运动副】对话框中，切换到"驱动"选项卡，在"旋转"下拉列表框中选择"多项式"选项，"初位移"设为0°，"速度"设为36°/s，"加速度"设为0°/s^2。

2）单击"确定"按钮，完成驱动的添加，运动仿真区中旋转副J001上添加旋转驱动的标识。

3）单击 齿轮齿条副，第一个运动副选择滑动副，第二个运动副选择旋转副。在【齿轮齿条副】对话框中，"比率（销半径）"设为5（即齿轮分度圆半径值），"显示比例"设为1，如图7-20所示。

5. 运动仿真

1）单击"解算方案"按钮，在【解算方案】对话框中的"时间"文本框中输入"20"，"步数"文本框中输入"100"（表示运动时间为20s，运动过程通过100步完成。由

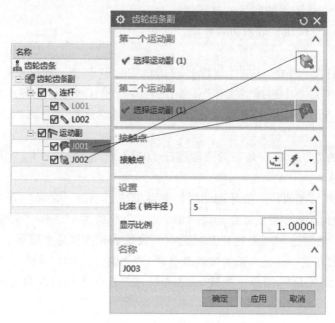

图 7-20 【齿轮齿条副】对话框

于初速度是 36°/s，运动时间为 20s，旋转的角度为 36°×20＝720°，即齿轮旋转 2 圈）。

2）单击"确定"按钮，再单击"求解"按钮。完成解算后，即可关闭信息窗口。

3）在横向菜单中单击"分析"选项卡，再单击"动画"按钮。在【动画】对话框中，单击"播放"按钮▶，即可观察到该机构的运动情况（在仿真时，看到有两套齿轮齿条，一套是运动的，一套是静止的）。

4）选中"装配导航器"，再冻结"齿条"和"齿轮"，使"齿条"和"齿轮"呈灰色，如图 7-21 所示。

5）单击"动画"按钮，即可观察到该机构的运动情况。齿轮齿条在分离的情况

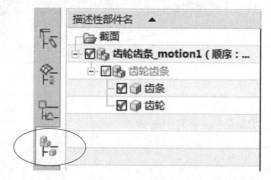

图 7-21 冻结"齿条"和"齿轮"

下也会继续运动，如果用"3D 接触"进行仿真（在下文中介绍），可以解决这个问题。

7.4 用第二种方式创建齿轮、齿条

1）单击"新建"按钮，创建一个新的建模文件，文件名为"齿轮 1"。按照前面介绍的建模方法，创建一个直齿轮，齿轮的模数为 0.5mm，齿数为 18，齿宽为 2.0mm，压力角为 20.0°，所创建的齿轮如图 7-2 所示。

2）单击"新建"按钮，创建一个新的建模文件，文件名为"齿条 1"，按照图 7-1 创建齿条，共 15 个齿，齿距为 πm＝3.1415926×0.5mm＝1.5707963mm，创建步骤如下：

① 单击"拉伸"按钮，以 ZOX 平面为草绘平面，绘制一个截面，如图 7-22 所示。

② 选中截面中间的横线，单击鼠标右键，在快捷菜单中选择"转换为参数"命令，中间的横线变为参考线，如图 7-22 所示。

③ 单击"完成草图"按钮⬚。在【拉伸】对话框中，"开始距离"设为 0，"结束距离"设为 2mm，"布尔"选择"⬤无"。

④ 单击"完成"按钮，创建第一个轮齿。

⑤ 选择"菜单｜插入｜关联复制｜阵列特征"命令，选择刚才创建的齿为要阵列的特征。在【阵列特征】对话框中，"布局"选择"线性"⬚，"指定矢量"选择"XC"⬚，"间距"选择"数量和间隔"，"数量"设为 15，"节距"设为 pi（） ＊0.5。

⑥ 单击"确定"按钮，创建阵列特征，如图 7-23 所示。

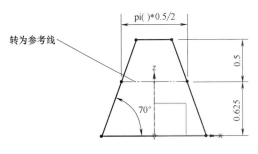

图 7-22 绘制截面并将其中间横线转为参考线

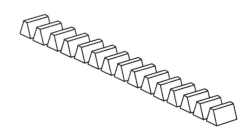

图 7-23 创建阵列特征

⑦ 单击"拉伸"按钮⬚，以 ZOX 平面为草绘平面，绘制一个截面，如图 7-24 所示。

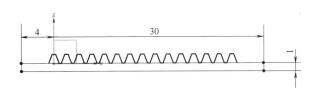

图 7-24 绘制截面

⑧ 单击"完成草图"按钮⬚。在【拉伸】对话框中，"开始距离"设为 0，"结束距离"设为 2mm，"布尔"选择"⬤无"。

⑨ 单击"完成"按钮，创建齿条的基体。

⑩ 单击"合并"按钮，合并所有的实体，创建齿条，如图 7-25 所示。

⑪ 单击"保存"按钮，保存文档。

3）单击"新建"按钮⬚，创建一个新的装配文件，文件名为"齿轮齿条 1"，将"齿轮 1"与"齿条 1"装配起来。装配齿轮齿条时，在【添加组件】对话框中，"约束类型"选择"接触对齐"，"方位"选择"首选接触"，如图 7-26所示。

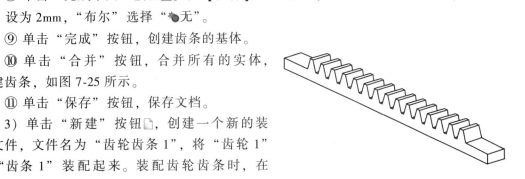

图 7-25 创建齿条

图 7-26 【添加组件】对话框

4）齿轮齿条装配方式如图 7-27 所示。

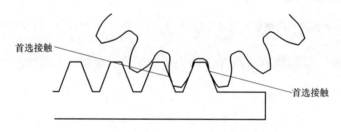

首选接触

首选接触

图 7-27 齿轮齿条装配方式

5）齿轮齿条装配效果如图 7-28 所示。

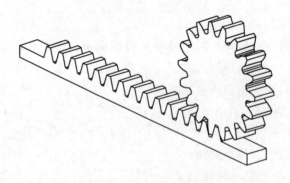

图 7-28 齿轮齿条装配效果

6）进入仿真环境。

① 在横向菜单中单击"应用模块"选项卡，再单击"运动"按钮🔺 运动，进入运动仿真模式。

② 在"运动导航器"中选择"齿轮齿条",单击鼠标右键,选择"新建仿真"命令,"仿真名"设为"齿轮齿条仿真 .sim"。

③ 单击"确定"按钮,在【环境】对话框中,"分析类型"选择"◉动力学"(如果选择"◉运动学",则不能选择"3D 接触"按钮),勾选"新建仿真时启动运动副向导"复选框。

④ 单击"确定"按钮,进入仿真环境。

7)按前面介绍的方法创建连杆,设置齿轮为接地旋转副,齿条为接地滑动副。

8)单击"3D 接触"按钮。在【3D 接触】对话框中,"类型"选择"CAD 接触",选择齿条为操作体,齿轮为基本体,"刚度"为 100000N/mm,"力指数"为 2,"材料阻尼"为 1N·s/mm("材料阻尼"值应设小一些,否则计算时间会很长),"最大穿透深度"为 0.0254mm,"库仑摩擦"选择"关",如图 7-29 所示。

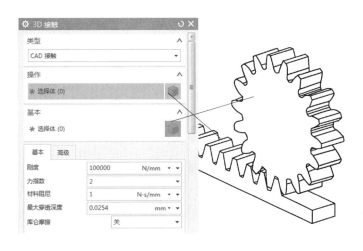

图 7-29 【3D 接触】对话框

9)双击齿轮的旋转副。在【运动副】对话框中,切换到"驱动"选项卡,在"旋转"下拉列表框中选择"多项式"选项,"初位移"设为 0°,"速度"设为 36°/s,"加速度"设为 0°/s²。

10)单击"解算方案"按钮,"时间"设为 15s,"步数"设为 100。

11)按前面介绍的方法进行仿真运动。可以看到,齿轮齿条在完全分离的情况下也在运动。

12)在工作区单击鼠标右键,选择"撤消"命令。

13)在"运动导航器"中,分别双击 J001 和 J002。在【运动副】对话框中,单击"摩擦"选项卡,勾选"启用摩擦"复选框,摩擦参数选用默认值,如图 7-30 所示。

14)双击 G001,在【3D 接触】对话框中,把"力指数"改为 50。

15)双击 🏠 Solution_1,在【解算方案】对话框中,把"重力方向"改为"ZC"。

16)单击"确定"按钮,再单击"求解"按钮▦,完成解算后,即可关闭信息窗口。

17)单击"动画"按钮🖐,在【动画】对话框中,单击"播放"按钮▶,即可观察到齿轮齿条在分离的时候,齿轮在旋转,但齿条停止运动。

图 7-30 "摩擦"选项卡

项目 ⑧

齿轮变速传动机构

变速传动一般是通过啮合齿轮实现的。本项目通过一个简单的实例，介绍齿轮变速传动机构变速传动的原理以及运动仿真。

8.1　建模

1）创建轴承零件，零件图如图 8-1～图 8-4 所示。

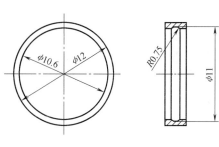

图 8-1　轴承外圈

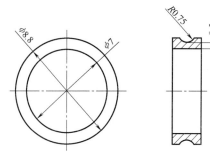

图 8-2　轴承内圈

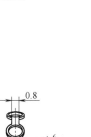

图 8-3　轴承保持架

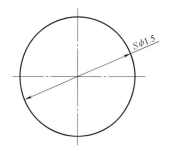

图 8-4　轴承滚动体

2）新建一个装配文件，将上述 4 个轴承零件装配成一个整体（图 8-5），文件名为"轴承"（请读者自行装配轴承，本项目中不详叙装配过程）。

3）创建轴和键，如图 8-6～图 8-9 所示。

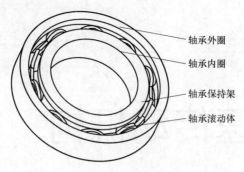

图 8-5　装配轴承

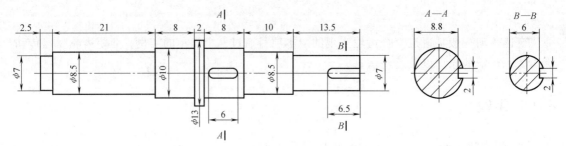

图 8-6　轴 1

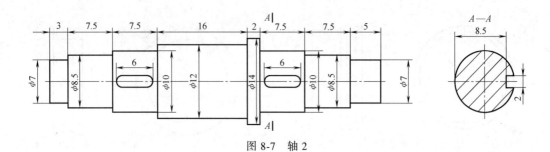

图 8-7　轴 2

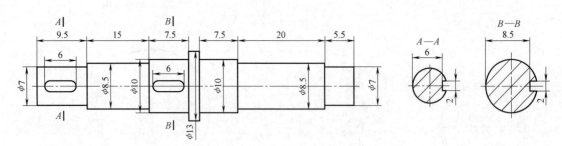

图 8-8　轴 3

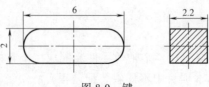

图 8-9　键

4）创建斜齿轮。斜齿轮的参数见表8-1~表8-4。

表8-1 斜齿轮1的参数

端面模数/mm	齿数	齿宽/mm	压力角	螺旋角	孔径/mm	键槽宽/mm	键槽高/mm
0.6	40	8	20°	15°	10	2	6

表8-2 斜齿轮2的参数

端面模数/mm	齿数	齿宽/mm	压力角	螺旋角	孔径/mm	键槽宽/mm	键槽高/mm
0.6	47	7	20°	15°	10	2	6

表8-3 斜齿轮3的参数

端面模数/mm	齿数	齿宽/mm	压力角	螺旋角	孔径/mm	键槽宽/mm	键槽高/mm
0.8	28	8	20°	15°	10	2	6

表8-4 斜齿轮4的参数

端面模数/mm	齿数	齿宽/mm	压力角	螺旋角	孔径/mm	键槽宽/mm	键槽高/mm
0.8	55	7	20°	15°	10	2	6

用NX菜单中的"GC工具箱"创建斜齿轮时，应先将端面模数转化为法向模数。若斜齿轮的法向模数为a，端面模数为b，螺旋角为β，则$b=a/\cos\beta$，或$a=b\cos\beta$。

①启动NX12.0，单击"新建"按钮，在【新建】对话框中，"名称"设为"齿轮组件.prt"，"单位"选择"毫米"，选择"模型"模板。

②单击"确定"按钮，进入建模环境。

③选择"菜单|GC工具箱|齿轮建模|柱齿轮"命令，在【渐开线圆柱齿轮建模】对话框中选择"◉创建齿轮"选项。

④单击"确定"按钮，在【渐开线圆柱齿轮类型】对话框中选择"◉斜齿轮""◉外啮合齿轮""◉滚齿"选项。

⑤单击"确定"按钮，在【渐开线圆柱齿轮参数】对话框中，"名称"设为"gear1"，"模数"设为"0.6 * cos（20）"（注意：cos后面的"（"和"）"，必须先关闭中文状态再输入，如果是在中文状态下输入的"（"或"）"，则为非法字符），"牙数"设为40，"齿宽"设为8.0mm，"压力角"设为20.0°，"螺旋方向"选择"◉左手"，"Helix Angle（degree）"（螺旋角）设为15°，如图8-10所示。

⑥单击"确定"按钮，在【矢量】对话框中，"类型"选择"YC轴"；在【点】对话框中，设定齿轮中心为（0，0，0）。

⑦单击"确定"按钮，创建齿轮，如图8-11中小齿轮所示。

⑧采用相同的方法，创建第2个齿轮（因第2

图8-10 【渐开线圆柱齿轮参数】对话框

个齿轮与第 1 个齿轮是啮合关系，因此第 2 个齿轮的螺旋方向应选择"◉右手"），如图 8-11 中大齿轮所示。

⑨ 选择"菜单｜GC 工具箱｜齿轮建模｜柱齿轮"命令，在【渐开线圆柱齿轮建模】对话框中选择"◉齿轮啮合"选项。

⑩ 在【选择齿轮啮合】对话框中，先选择"gear1（general gear）"，单击"设置主动齿轮"按钮，啮合时 gear1 齿轮保持不动；再选择"gear2（general gear）"，单击"设置从动齿轮"按钮，啮合时 gear2 齿轮移动。

⑪ 在【选择齿轮啮合】对话框中，单击"中心连线向量"按钮；在【矢量】对话框中，"类型"选择"XC↑轴"。

⑫ 单击"确定"按钮，再单击"确定"按钮，两个齿轮啮合，如图 8-12 所示。

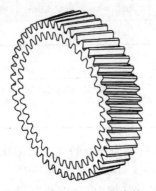

图 8-11 创建齿轮 1 与齿轮 2

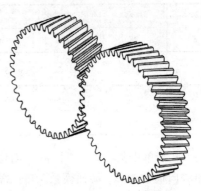

图 8-12 齿轮 1 与齿轮 2 啮合

⑬ 以第 2 个齿轮的圆心为中心，创建第 3 个齿轮，如图 8-13 所示。

⑭ 选择"菜单｜编辑｜移动对象"命令，在【移动对象】对话框中，"运动"选择"距离"，"指定矢量"选择"YC↑"，"距离"设为 25mm，"结果"选择"移动原先的"，如图 8-14 所示。

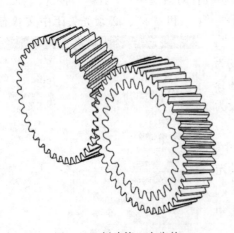

图 8-13 创建第 3 个齿轮

图 8-14 【移动对象】对话框

⑮ 单击"确定"按钮，移动第 3 个齿轮，如图 8-15 所示。

⑯ 采用相同的方法，创建第 4 个齿轮，并与第 3 个齿轮啮合，如图 8-16 所示。

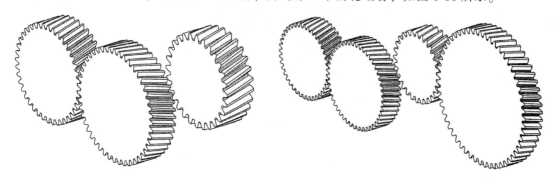

图 8-15　移动第 3 个齿轮　　　　　　　　　　图 8-16　创建的第 4 个齿轮

⑰ 单击"拉伸"按钮，在第 1 个齿轮的中心创建通孔，通孔的直径为 10mm，键槽宽为 2mm，键槽高为 6mm，如图 8-17 所示。

⑱ 采用相同方法，在另外 3 个齿轮中心创建通孔。

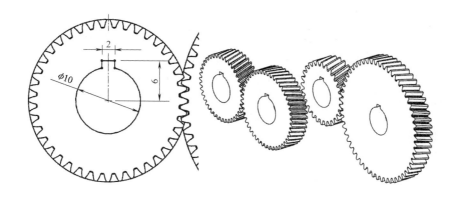

图 8-17　在齿轮的中心创建通孔和键槽

⑲ 采用项目 7 中的方法，在 WAVE 模式下创建齿轮 1、齿轮 2、齿轮 3 和齿轮 4，则"部件导航器"如图 8-18 所示。

⑳ 单击"保存"按钮，保存文档。

5）装配齿轮机构。

① 启动 NX12.0，单击"新建"按钮，在【新建】对话框中，"名称"设为"齿轮变速传动机构 .prt"，"单位"选择"毫米"，选择"装配"模板，新建一个装配文件。

② 单击"确定"按钮，进入装配环境。

③ 将 6 个轴承组件、4 个齿轮、3 根轴和 4 个键装配成齿轮变速传动机构，如图 8-19 所示。

图 8-18　部件导航器

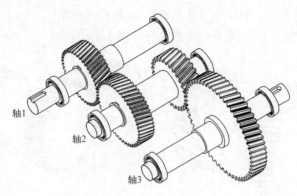

图 8-19　齿轮变速传动机构

8.2　创建仿真

1. 进入仿真环境

1）在横向菜单中单击"应用模块"选项卡，再单击"运动"按钮 运动，进入运动仿真环境。

2）在"运动导航器"中选择"齿轮变速传动机构"，再单击鼠标右键，选择"新建仿真"命令，名称设为"齿轮变速传动机构仿真.sim"。

3）单击"确定"按钮，在【环境】对话框中，"分析类型"选择"◉运动学"，取消勾选"新建仿真时启动运动副向导"复选框。

4）单击"确定"按钮，进入仿真环境。

2. 定义连杆

单击"连杆"按钮 ，选择第 1 根轴上的所有零件为连杆 L001，选择第 2 根轴上的所有零件为连杆 L002，选择第 3 根轴上的所有零件为连杆 L003。

3. 定义运动副

1）单击"接头"按钮 ，将第 1 根轴、第 2 根轴、第 3 根轴分别定义为接地旋转副 J001、J002、J003。

2）单击"齿轮耦合副"按钮，在【齿轮耦合副】对话框中单击"第一个运动副"选项组下方的"选择运动副（1）"按钮 ，在"运动导航器"中单击"J001"，选择第一个运动副，在"齿轮半径"文本框中输入"40×0.6×cos（20）/2"；再单击"第二个运动副"选项组下方的"选择运动副（1）"按钮 ，在"运动导航器"中单击"J002"，选择第二个运动副，在"齿轮半径"文本框中输入"47×0.6×cos（20）/2"。在【齿轮耦合副】对话框中的"显示比例"文本框中输入"40/47"（主动轮与从动轮的齿数比）。

3）采用相同的方法，设定第 3 个齿轮和第 4 个齿轮为齿轮副，第 3 个齿轮半径为 28，第 4 个齿轮半径为 55，传动比为 28/55。

4. 创建驱动

1）在"运动导航器"中双击"J001"，在【运动副】对话框中，切换到"驱动"选项卡，在"旋转"下拉列表框中选择"恒定"选项，"初位移"设为 0°，"速度"设为 10°/s，

"加速度"设为 $0°/s^2$，可参考图 2-14 设置。

2）单击"确定"按钮，完成驱动的添加。

5. 运动仿真

1）单击"解算方案"按钮📝，在【解算方案】对话框中的"时间"文本框中输入"10"，"步数"文本框中输入"100"（表示运动时间为10s，分100步完成），其他参数采用默认值。

2）单击"确定"按钮，再单击"求解"按钮📄，系统自动进行解算。

3）单击"动画"按钮🎬，在【动画】对话框中，单击"播放"按钮▶，即可观察到该机构的运动情况。此时可看到两副齿轮中，一副齿轮在旋转，另一副齿轮不动。

6. 取消重影的步骤

1）单击"齿轮机构"前面的"√"，使"齿轮1""齿轮2""齿轮3"和"齿轮4"变为灰色，如图 8-20 所示。

2）再次单击"齿轮1""齿轮2""齿轮3"和"齿轮4"前面的"√"，使"齿轮1""齿轮2""齿轮3"和"齿轮4"变为黄色，"齿轮机构"变为灰色，如图 8-21 所示。

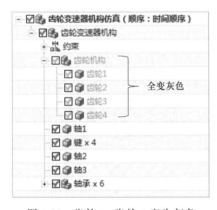

图 8-20 齿轮 1~齿轮 4 变为灰色

图 8-21 齿轮 1~齿轮 4 变为黄色

3）单击"动画"按钮🎬，在【动画】对话框中，单击"播放"按钮▶，可以观察到只有一副齿轮在旋转。

4）单击"保存"按钮💾，保存文档。

→项目❾←

蜗杆传动机构

本项目介绍蜗轮、蜗杆的结构，以及运用 NX 参数式曲线绘制蜗轮、蜗杆的方法。蜗杆传动机构通常用于垂直交叉的两轴之间的传动，其中蜗杆是主动件，蜗轮是从动件，蜗轮、蜗杆的齿向是螺旋形，蜗轮、蜗杆的结构如图 9-1 所示，其参数的计算公式见表 9-1。

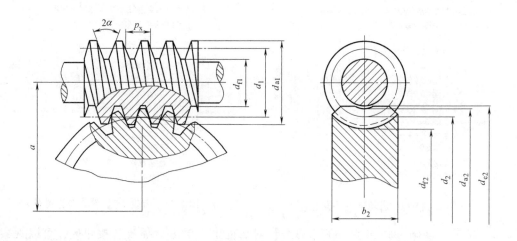

图 9-1 蜗轮、蜗杆的结构

表 9-1 蜗轮、蜗杆参数的计算公式

名称	符号	蜗杆	蜗轮
蜗杆头数	z_1	一般 $z_1 = 1, 2, 4, 6$	
蜗轮齿数	z_2		$z_2 = iz_1$（i 为传动比）
直径系数	q	$q = \dfrac{d_1}{m}$	
压力角	α	一般为 20°	
中心距	a	$a = \dfrac{d_1 + d_2}{2} = \dfrac{m}{2}(q + z_2)$	
齿顶高	h_a	$h_a = m$	
齿根高	h_f	$h_f = 1.2m$	
齿高	h	$h = h_a + h_f = 2.2m$	

（续）

名称	符号	蜗杆	蜗轮
分度圆直径	d	$d_1 = mq$	$d_2 = mz_2$
齿顶圆直径	d_a	$d_{a1} = d_1 + 2h_{a1} = d_1 + 2m$	
喉圆直径			$d_{a2} = (z_2 + 2)m$ 相当于普通齿轮的齿顶圆
齿根圆直径	d_f	$d_{f1} = d_1 - 2h_{f1} = d_1 - 2.4m$	$d_{f2} = d_2 - 2h_{f2} = d_2 - 2.4m$
顶圆直径	d_e		当 $z_1 = 1$ 时，$d_{e2} \leqslant d_2 + 4m$ 当 $z_1 = 2 \sim 3$ 时，$d_{e2} \leqslant d_2 + 3.5m$
基圆直径	d_b		$d_{b2} = d_2 \cos\alpha$
轴向齿距	p_x	$p_x = \pi m$	
导程	p_z	$p_z = z_1 p_x$	
导程角	γ	$\tan\gamma = \dfrac{z_1}{q}$	
齿顶圆半径	R_a		$R_{a2} = \dfrac{d_{f1}}{2} + 0.2m = \dfrac{d_1}{2} - m$
齿根圆半径	R_f		$R_{f2} = \dfrac{d_{a1}}{2} + 0.2m = \dfrac{d_1}{2} + 1.2m$
齿宽	b	当 $z_1 = 1 \sim 2$ 时， $b_1 \geqslant (11 + 0.06z_2)m$ 当 $z_1 = 3 \sim 4$ 时， $b_1 \geqslant (12.5 + 0.09z_2)m$	当 $z_1 \leqslant 3$ 时， $b_2 \leqslant 0.75d_{a1}$ 当 $z_1 \geqslant 4$ 时， $b_2 \leqslant 0.67d_{a1}$

已知蜗轮模数 $m = 1\text{mm}$，齿数 $z_2 = 60$，压力角 $\alpha = 20°$，蜗杆齿顶圆直径 $d_{a1} = 20\text{mm}$，头数 $z_1 = 1$。按要求设计蜗杆传动机构。

蜗轮分度圆直径

$$d_2 = mz_2 = 1\text{mm} \times 60 = 60\text{mm}$$

蜗轮齿根圆直径

$$d_{f2} = d_2 - 2h_{f2} = d_2 - 2.4m = (60 - 2.4 \times 1)\text{mm} = 57.6\text{mm}$$

蜗轮喉圆直径

$$d_{a2} = d_2 + 2m = (z_2 + 2)m = (60 + 2) \times 1\text{mm} = 62\text{mm}$$

蜗轮顶圆直径

$$d_{e2} = d_{a2} + 2m = d_2 + 2m + 2m = (60 + 4 \times 1)\text{mm} = 64\text{mm}$$

蜗轮基圆直径

$$d_{b2} = d_2 \cos 20° = 60\text{mm} \times \cos 20° = 56.38\text{mm}$$

蜗杆分度圆直径

$$d_1 = d_{a1} - 2m = (20 - 2 \times 1)\text{mm} = 18\text{mm}$$

蜗杆齿根圆直径

$$d_{f1} = d_1 - 2.4m = (18 - 2.4 \times 1)\text{mm} = 15.6\text{mm}$$

蜗杆轴向齿距

$$p_x = \pi m = 3.14\text{mm}$$

蜗杆齿顶高

$$h_{a1} = m = 1\,\text{mm}$$

蜗杆齿根高

$$h_{f1} = 1.2m = 1.2\,\text{mm}$$

蜗轮齿顶圆半径

$$R_{a2} = \frac{d_{f1}}{2} + 0.2m = \frac{d_1}{2} - m = 8\,\text{mm}$$

中心距

$$a = \frac{d_1 + d_2}{2} = \frac{18 + 60}{2}\,\text{mm} = 39\,\text{mm}$$

9.1 蜗轮建模

1. 创建蜗轮主体

1）启动 NX12.0，单击"新建"按钮，在【新建】对话框中，"名称"设为"蜗轮.prt"，"单位"选择"毫米"，选择"模型"模板。

2）单击"草图"按钮，以 XOY 平面为草绘平面，X 轴为水平参考，以原点为圆心，直径为 64mm，绘制一个圆，如图 9-2 所示。

3）采用相同方法，绘制另外 3 个圆，直径分别为 60mm、56.4mm 和 57.6mm，如图 9-2 所示。

注意：这 4 个圆在不同草图中。

4）单击"拉伸"按钮，选择绘图区中的最大圆为拉伸曲线，在【拉伸】对话框中，"指定矢量"选"ZC"，"开始距离"为 -7.5mm，"结束距离"为 7.5mm。

注意：根据表 9-1 可知，当蜗杆的头数 $z_1 \le 3$ 时，蜗轮的齿宽 $b_2 \le 0.75d_{a1} = 15$mm。

5）单击"确定"按钮，创建一个实体，XOY 平面通过实体的正中间。

6）单击"旋转"按钮，以 ZOX 平面为草绘平面，X 轴为水平参考，绘制一个齿顶圆截面，如图 9-3 所示。

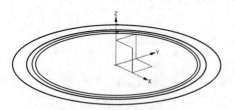

图 9-2 创建 4 个同心圆

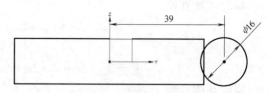

图 9-3 绘制齿顶圆截面

7）在空白处单击鼠标右键，选择"完成草图"命令，在【旋转】对话框中，"指定矢量"选择"ZC"，"旋转指定点"设为（0，0，0），"开始角度"设为 0°，"结束角度"设为 360°，"布尔"选择"求差"。

8）单击"确定"按钮，创建齿顶圆特征，如图 9-4 所示。

9）将实体上、下底面的边线各倒 45° 斜角，倒斜角的位置与蜗轮齿顶圆的边线重合，如图 9-5 所示。

图 9-4　创建齿顶圆特征

图 9-5　创建倒斜角特征

10）选择"菜单｜编辑｜显示和隐藏｜隐藏"命令，隐藏实体（目的是保持图面整洁）。

2. 创建轮齿的渐开线

1）选择"菜单｜工具｜表达式"命令，在【表达式】对话框中输入渐开线参数，见表 9-2。

表 9-2　渐开线参数

名称	公　式	量纲	类型	备　注
t	1	无单位	数字	系统变量,范围为 0~1
theta	45×t	角度	数字	渐开线展开角度
r	60 * cos20°/2	长度	数字	基圆半径
xt	r * cos(theta)+r * theta * pi( )/180 * sin(theta)	长度	数字	渐开线上任意点 x 坐标
yt	r * sin(theta)−r * theta * pi( )/180 * cos(theta)	长度	数字	渐开线上任意点 y 坐标
zt	0	长度	数字	渐开线上任意点 z 坐标

注："pi（ ）"表示 π。

2）选择"菜单｜插入｜曲线｜规律曲线"命令，在【规律曲线】对话框中，"规律类型"选择"根据方程"，"参数"设为 t，"函数"分别设为 xt、yt、zt，如图 9-6 所示。

3）单击"确定"按钮，系统生成一条渐开线，如图 9-7 所示。

图 9-6　设定【规律曲线】对话框

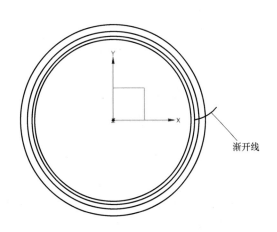

图 9-7　创建渐开线

4）选择"菜单|插入|草图"命令，以XOY平面为草绘平面，X轴为水平参考，以圆心为第一个端点，分度圆和渐开线的交点为另一个端点，创建一条直线，如图9-8所示。

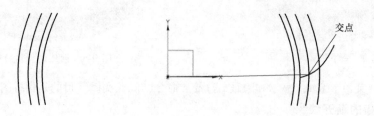

图9-8 以原点和交点创建一条直线

5）选择"菜单|插入|草图"命令，以XOY平面为草绘平面，X轴为水平参考，以原点为起点，绘制两条互相垂直的直线，与图9-8所绘制的直线成1.5°角，如图9-9所示。

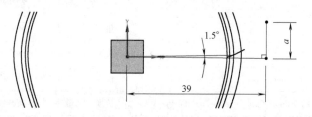

图9-9 绘制一条直线

注意："39"指蜗轮蜗杆的中心距，所对应的直线是齿槽两条渐开线的对称中心线。因为一对轮齿和齿槽的角度为$360°/(zm)$，在分度圆上每个轮齿的宽度和齿槽的宽度相等，所以每个轮齿的角度为$[360°/(zm)]/2$，故两条渐开线的对称中心线的角度为$\{[360°/(zm)]/2\}/2$，因此渐开线的对称中心线与图9-8所绘制直线的夹角为1.5°。标识为"a"（"a"为任意值）的直线是蜗杆的中心线。

6）选择"菜单|插入|基准/点|基准平面"命令，在【基准平面】对话框中，"类型"选择"两直线"，选择Z轴和图9-9中标注为"39"的直线，创建一个基准平面，如图9-10所示。

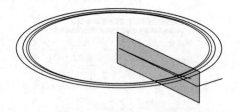

图9-10 创建基准平面

7）选择"菜单|插入|派生曲线|镜像"命令，以刚才创建的基准平面为镜像平面，镜像渐开线，如图9-11所示。

图9-11 创建镜像渐开线

8）选择"菜单｜编辑｜显示和隐藏｜隐藏"命令，隐藏图9-8及图9-10中创建的基准平面（隐藏多余的线条与平面，目的是保持图面整洁）。

3．创建螺旋线

1）选择"菜单｜插入｜曲线｜螺旋线"命令，在【螺旋线】对话框中，"类型"选择"沿矢量"，"角度"设为0°，"大小"选择"◉直径"，"值"设为18mm，"螺距"设为"pi（）"，"圈数"设为0.5，"旋转方向"设为"右手"。

2）在【螺旋线】对话框中，单击"指定CSYS"按钮，在【CSYS】对话框中，"类型"选择"X轴，Y轴，原点"，单击"指定点"按钮，原点选择图9-9所示草图中的垂足，X轴选择标注为"39"的直线，方向指向圆心，Y轴选择"ZC"，如图9-12所示。

图9-12　【螺旋线】对话框和【CSYS】对话框

3）单击"确定"按钮，再单击"确定"按钮，创建第一个半圈螺旋线，如图9-13所示。

4）采用相同的方法，创建第二个半圈螺旋线（创建第二条螺旋线时，坐标系的X轴选择标注为"39"的直线，方向指向圆心，Y轴选择ZC的负方向），如图9-13所示。

4．创建齿槽特征

1）选择"菜单｜插入｜扫掠｜扫掠"命令，在辅助工具条中，选择"单条曲线"，按下"在相交处停止"按钮，如图9-14所示。

2）依次选择粗线条为截面曲线，螺旋曲线为引导曲线，如图9-15所示。

3）在【扫掠】对话框中，"截面位置"选择"沿引导线任何位置"，勾选"保留形状"复选框，"对齐"选择"参数"，"方向"选择"强制方向"，"指定矢量"选择图9-9中标

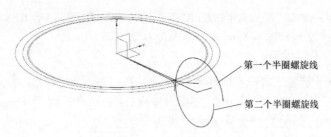

图 9-13　创建螺旋线

图 9-14　选择"单条曲线"和单击"在相交处停止"按钮

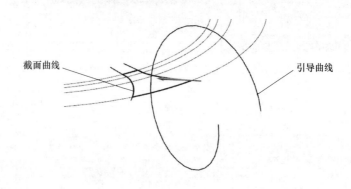

图 9-15　选择截面曲线和引导曲线

注为"a"的直线。

4）单击"确定"按钮，创建一个扫掠特征，如图 9-16 所示。

5）单击"减去"按钮，创建求差特征。

6）选择"菜单 | 插入 | 关联复制 | 阵列特征"命令，在【阵列特征】对话框中，"阵列布局"选择"圆形"，"指定矢量"选择"ZC"，单击"指定点"按钮。在【点】对话框中，输入（0，0，0），"间距"选择"数量和跨距"，"数量"设为 60，"跨角"设为 360°。

7）选择刚才创建的齿槽为"要形成阵列的特征"对象，单击"阵列特征"对话框中的"确定"按钮，创建蜗轮实体，如图 9-17 所示。

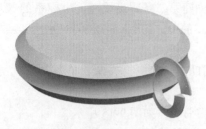

图 9-16　创建扫掠特征

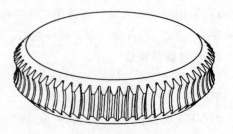

图 9-17　创建蜗轮实体

8）同时按住键盘上的<Ctrl>键和<W>键，在【显示和隐藏】对话框中，单击"基准""曲线"和"草图"旁边的"-"，将曲线、草图和基准全部隐藏。

9）单击"保存"按钮□，保存文档。

9.2 蜗杆建模

1. 创建蜗杆齿根圆柱体

1）启动 NX12.0，单击"新建"按钮□，在【新建】对话框中，"名称"设为"蜗杆.prt"，"单位"选择"毫米"，选择"模型"模板。

2）选择"菜单|插入|设计特征|圆柱体"命令，在【圆柱】对话框中，"类型"选择"轴、直径和高度"，"指定矢量"选择"XC"⬗，单击"指定点"按钮⬖，输入（-20，0，0），"直径"设为 15.6mm，"高度"设为 40mm，如图 9-18 所示。

3）单击"确定"按钮，创建一根圆柱体，如图 9-19 所示。

图 9-18 【圆柱】对话框

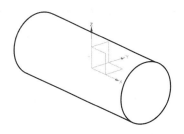

图 9-19 创建蜗杆齿根圆柱体

2. 创建螺旋线

1）选择"菜单|插入|曲线|螺旋线"命令，在【螺旋线】对话框中，"类型"选择"沿矢量"，"角度"为 0°，"大小"选择"直径"，"值"设为 18mm，"圈数"设为 5，"螺距"设为"pi（）"，"旋转方向"设为"右手"。单击"指定 CSYS"按钮，在【CSYS】对话框中，"类型"选择"X 轴，Y 轴，原点"，单击"指定点"按钮⬖，输入（-2.5 * pi（），0，0），X 轴选择"YC"⬗，Y 轴选择"ZC"⬗，参考图 9-12 设定。

2）单击"确定"按钮，创建一条螺旋线，如图 9-20 所示。

3. 创建轮齿

1）选择"菜单|插入|草图"命令，以 XOY 平面为草绘平面，X 轴为水平参考，绘制一个等腰梯形截面，如图 9-21 所示（"pi（）/2"指蜗杆分度圆上的轮齿厚度，"9"所对应的直线为蜗杆的分度圆）。

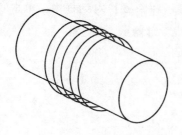

图 9-20　创建螺旋线

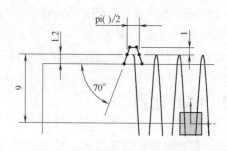

图 9-21　绘制等腰梯形截面

2）选择"菜单|插入|扫掠|扫掠"命令，选择梯形截面为截面曲线，螺旋曲线为引导曲线。在【扫掠】对话框中，"截面位置"选择"沿引导线任何位置"，勾选"保留形状"复选框，"对齐"选择"参数"，"方向"选择"强制方向"，"指定矢量"选择"XC" 📷。

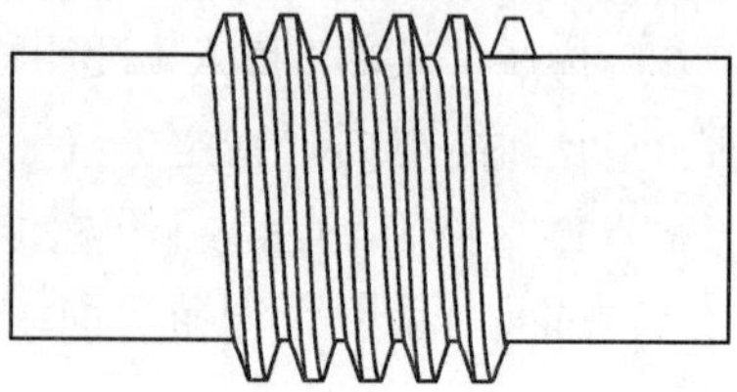

图 9-22　创建扫掠特征

3）单击"确定"按钮，创建一个扫掠特征，如图9-22 所示。

4）单击"合并"按钮📷，使圆柱体和扫掠特征求和。

9.3　创建蜗轮蜗杆的装配图

1）单击"新建"按钮📄，在【新建】对话框中，单击"模型"选项卡，"单位"选择"毫米"，选择"装配"模板，"名称"设为"蜗轮蜗杆机构 . prt"，可参考图 3-5 设定，单击"确定"按钮，进入装配环境。

2）在【添加组件】对话框中，单击"打开"按钮📷，打开蜗轮的图形，在"位置"区域中，"组件锚点"选择"绝对坐标系"，"装配位置"选择"绝对坐标系-工作部件"，"放置"选择"◉移动"，"引用集"选择"整个部件"，单击"确定"按钮，可参考图 3-6 设定。

3）在【创建固定约束】对话框中，单击"是"按钮，装配第一个零件。

4）选择"菜单|装配|组件|添加组件"命令，在【添加组件】对话框中，单击"打开"按钮📷，打开蜗杆的实体，"组件锚点"选择"绝对坐标系"，"装配位置"选择"绝对坐标系-工作部件"，"放置"选择"◉约束"，在"约束类型"区域中单击"接触对齐"按钮📷，"方位"选择"对齐"，如图 9-23 所示。

5）在【添加组件】对话框中，勾选"启用预览窗口"复选框，右下角会弹出一个小窗口，如

图 9-23　设定约束类型和要约束
的几何体（一）

图 3-8 所示。

6）在【添加组件】对话框中，单击"选择两个对象"按钮，在小窗口中选择蜗杆的轴线，然后在主窗口中选择图 9-9 中标识为"a"的直线，如图 9-24 所示，使蜗杆的轴线与蜗轮螺旋线对齐。

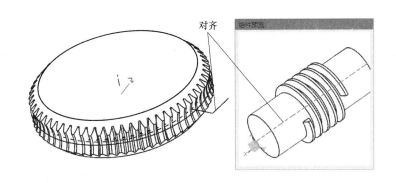

图 9-24　蜗杆的轴线与蜗轮螺旋线对齐

7）在"约束类型"区域中单击"中心"按钮，"子类型"选择"1 对 2"，"轴向几何体"选择"使用几何体"，如图 9-25 所示。

8）选择图 9-9 中标注为"39"的直线，在小窗口中选择蜗杆的两个端面，初步装配后的蜗轮蜗杆如图 9-26 所示。

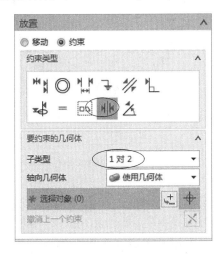

图 9-25　设定约束类型和要约束
的几何体（二）

图 9-26　初步装配

9）在【装配约束】对话框中，在"约束类型"区域单击"接触对齐"按钮，"方位"选择"首选接触"，如图 9-27 所示。

10）蜗杆中的曲面①与蜗轮中的曲面②对齐，如图 9-28 所示。

11）蜗轮蜗杆正确装配后如图 9-29 所示。

图 9-27 设定约束类型和要约束的几何体（三）

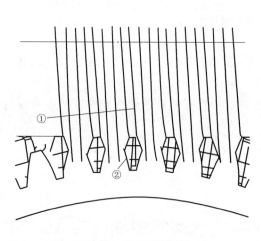

图 9-28 曲面对齐方法

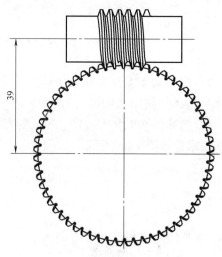

图 9-29 蜗轮蜗杆装配图

9.4 创建仿真

1）在横向菜单中，单击"应用模块"选项卡，再单击"运动"按钮 运动，进入运动仿真环境。

2）在"运动导航器"中，选择"蜗轮机构"，单击鼠标右键，选择"新建仿真"命令，"仿真名"设为"蜗轮蜗杆传动仿真 .sim"，单击"确定"按钮。

3）单击"确定"按钮，在【环境】对话框中，"分析类型"选择"⊙运动学"，取消勾选"新建仿真时启动运动副向导"复选框。

4）单击"确定"按钮，进入仿真环境。

5）单击"连杆"按钮 ，设定蜗杆为接地连杆 L001，蜗轮设为接地连杆 L002。

6）单击"接头"按钮 ，将蜗轮、蜗杆分别设为接地旋转副 J001 和 J002。

7）在"运动导航器"中双击"J001"，在【运动副】对话框中，切换到"驱动"选项卡，在"旋转"下拉列表框中选择"多项式"选项，"初位移"设为0°，"速度"设为36°/s，"加速度"设为0°/s^2。

8) 单击"齿轮耦合副"按钮，在【齿轮耦合副】对话框中，单击"第一个运动副"选项组下方的"选择运动副（1）"按钮，在"运动导航器"中单击"J001"，在"齿轮半径"文本框中输入"60"；再单击"第二个运动副"选项组下方的"选择运动副（1）"按钮，在"运动导航器"中单击"J002"，在"齿轮半径"文本框中输入"–1"。在【齿轮耦合副】对话框中的"显示比例"文本框中输入"–1/60"（主动轮与从动轮的齿数比，"–"表示旋转方向相同）。

9) 单击"解算方案"按钮，在【解算方案】对话框中的"时间"文本框中输入"20"，"步数"文本框中输入"10000"，其他参数采用默认值，单击"确定"按钮。

10) 单击"求解"按钮，再单击"动画"按钮，在【动画】对话框中，单击"播放"按钮▶，即可观察到该机构的运动情况。

11) 单击"保存"按钮，保存文档。

→项目⑩←

槽轮机构

本项目通过一个简单的实例，详细介绍在 NX 下创建槽轮机构运动仿真的过程。

10.1 建模

1）创建槽轮机构各零件，零件图如图 10-1~图 10-3 所示。

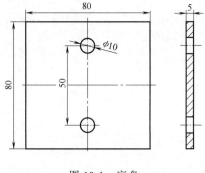

图 10-1　底盘

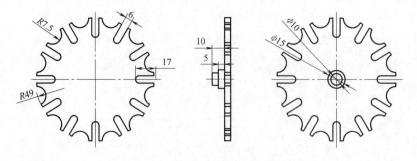

图 10-2　槽轮

2）装配。新建一个 NX 装配文件，文件名为"槽轮机构 . prt"，将槽轮、拨盘和底盘装配后，如图 10-4 所示。

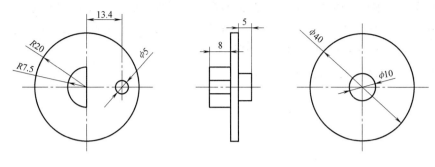

图 10-3　拨盘

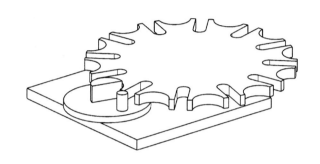

图 10-4　槽轮机构装配图

10.2　创建仿真

1）在横向菜单中单击"应用模块"选项卡，再单击"运动"按钮 运动。

2）在"运动导航器"中选择"槽轮机构"，单击鼠标右键，选择"新建仿真"命令，"仿真名"设为"槽轮机构运动仿真.sim"，单击"确定"按钮。

3）单击"确定"按钮，在【环境】对话框中，"分析类型"选择"●动力学"，取消勾选"新建仿真时启动运动副向导"复选框。

4）单击"确定"按钮，进入仿真环境。

5）单击"连杆"按钮，设定槽轮为接地连杆 L001，拨盘设为接地连杆 L002，底盘为固定连杆 L003。

6）单击"接头"按钮，将槽轮与底盘之间、拨盘与底盘之间分别设为相对旋转副。

7）在"运动导航器"中，双击拨盘的旋转副。在【运动副】对话框中，切换到"驱动"选项卡，在"旋转"下拉列表框中选择"多项式"选项，"初位移"设为 0°，"速度"设为 36°/s，"加速度"设为 0°/s^2。

8）设定槽轮与拨盘之间是"3D 接触"，其中槽轮是操作体，拨盘是基体，【3D 接触】对话框中的参数选用默认值。

9）单击"解算方案"按钮，在【解算方案】对话框中的"时间"文本框中输入

"20"，"步数"文本框中输入"100"，其他参数采用系统默认值，单击"确定"按钮。

10）单击"求解"按钮▤，再单击"动画"按钮⚒，在【动画】对话框中，单击"播放"按钮▶，即可观察到该机构的运动情况。

11）单击"保存"按钮▦，保存文档。

项目 ⑪

棘轮机构

本项目通过一个简单的实例，详细介绍在 NX 下运用 WAVE 模式创建棘轮机构运动仿真的过程。棘轮机构是由棘轮和棘爪组成的运动副。

11.1 建模

1. 创建棘轮棘爪的整体造型

1）启动 NX12.0，单击"新建"按钮 📄，在【新建】对话框中，"名称"设为"棘轮机构.prt"，"单位"选择"毫米"，选择"模型"模板。

2）用拉伸方法创建棘轮的本体，如图 11-1 所示。

3）用拉伸方式创建棘轮的一个齿，齿的草图是一个三角形，三角形的一个顶点落在直径为 90mm 的圆周上，如图 11-2 所示。

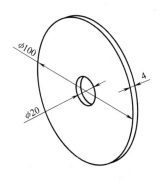

图 11-1　创建棘轮外圆

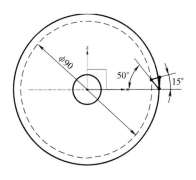

图 11-2　齿的草图

4）阵列棘轮的齿，数量为 40 个，如图 11-3 所示。

5）创建棘轮的轴，直径为 20mm，高度为 10mm，如图 11-4 所示（注意：棘轮与棘轮轴不能求和）。

6）用拉伸方式创建棘爪，厚度为 4mm，棘爪草图如图 11-5 所示（注意：棘轮与棘爪不能求和）。

7）用拉伸方式创建棘爪轴（φ8mm×10mm），如图 11-6 所示（注意：棘爪与棘爪轴不能求和）。

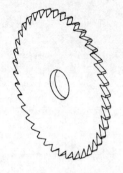

图 11-3　阵列棘轮的齿

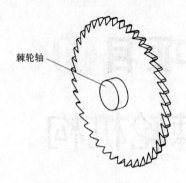

图 11-4　创建棘轮轴

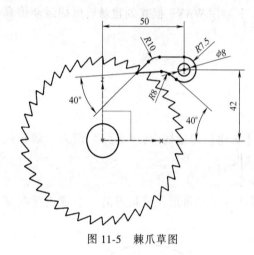

图 11-5　棘爪草图

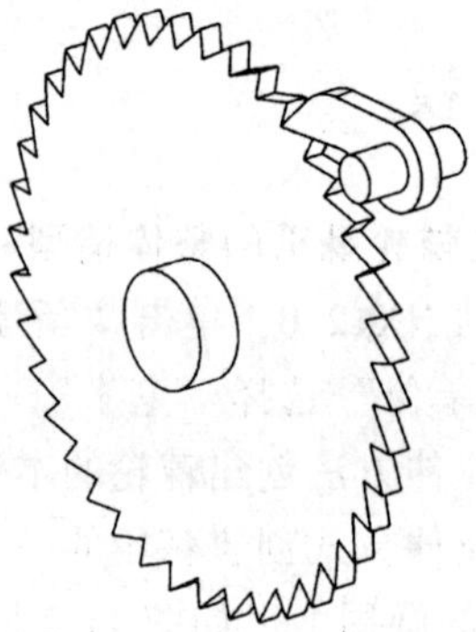

图 11-6　创建棘爪轴

8）用拉伸方式创建弹簧固定板（50mm×8mm×4mm），如图 11-7 所示。

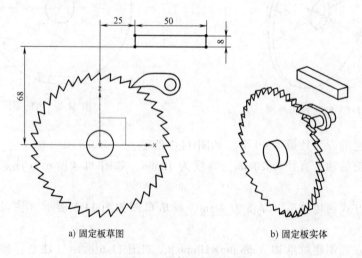

a) 固定板草图　　　　　b) 固定板实体

图 11-7　创建弹簧固定板

2. 创建下层文件

在 WAVE 模式下创建"棘轮""棘轮轴""棘爪""棘爪轴"和"固定板"。在"装配导航器"中，"棘轮机构"有 5 个下层文件，如图 11-8 所示。

图 11-8　创建下层文件

在"装配导航器"中双击☑ 棘轮机构，使之激活后，再单击"保存"按钮，在文件夹中添加图 11-8 中的 5 个文档。

11.2　创建仿真

1. 进入仿真环境

1）在横向菜单中，单击"应用模块"选项卡，再单击"运动"按钮 运动。

2）在"运动导航器"中，选择"棘轮机构"，单击鼠标右键，选择"新建仿真"命令，"仿真名"设为"棘轮机构运动仿真.sim"，单击"确定"按钮。

3）单击"确定"按钮，在【环境】对话框中，"分析类型"选择"◉动力学"，取消勾选"新建仿真时启动运动副向导"复选框。

4）单击"确定"按钮，进入仿真环境。

2. 创建连杆

单击"连杆"按钮，设定棘轮为活动连杆 L001，棘爪为活动连杆 L002，棘轮轴、弹簧固定板、棘爪轴分别为固定连杆 L003、L004、L005。

3. 创建运动副

1）单击"接头"按钮，设定棘轮与棘轮轴之间为相对旋转副，如图 11-9 所示。

2）采用相同的方法，设定棘轮爪与棘爪轴之间为相对旋转副。

3）定义"3D 接触"副。

① 在工作区上方单击"3D 接触"按钮，如图 11-10 所示。

② 定义操作体为棘爪，基座为棘轮，其他参数为默认值，如图 11-11 所示。

4）定义"弹簧副"

① 在工作区上方的工具条中单击"弹簧"按钮，如图 11-10 所示。

② 在【弹簧】对话框中，"连接件"选择"连杆"，单击"操作"区域中的"选择连杆（1）"按钮，选择棘爪，单击"指定原点"按钮，选择棘爪上表面。单击"底数"区域中的"选择连杆（1）"按钮，选择弹簧固定板，单击"指定原点"按钮，选择弹簧固

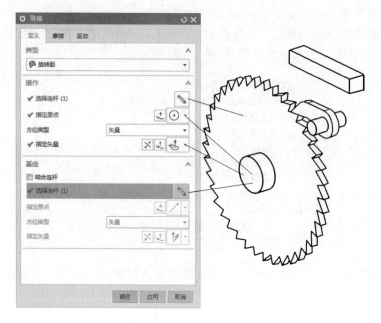

图 11-9　设定棘轮与棘轮轴之间为相对旋转副

图 11-10　单击"3D 接触"按钮

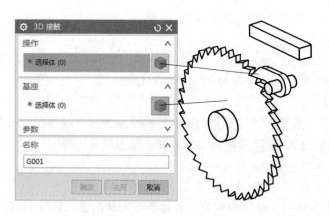

图 11-11　【3D 接触】对话框

定板的下表面，即弹簧的一端在棘爪上表面，另一端固定在弹簧固定板，为棘爪压紧棘轮提供力。"刚度值"设为 5N/mm，"预紧长度"设为 40mm，弹簧长度比棘爪与弹簧固定板之间的距离稍大一些，如图 11-12 所示。

③ 单击"确定"按钮，弹簧位置如图 11-13 所示。

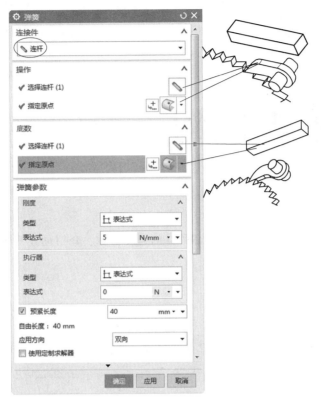

图 11-12 【弹簧】对话框

4. 创建驱动

1) 双击棘轮与棘轮轴之间的旋转副，在【运动副】对话框中，切换到"驱动"选项卡，在"旋转"下拉列表框中选择"多项式"选项，"初位移"设为0°，"速度"设为10°/s（初速度小一些，否则仿真时容易引起视觉错觉），"加速度"设为0°/s²。

2) 单击"确定"按钮，完成驱动的添加，旋转副 J004 上添加旋转驱动的标识。

5. 运动仿真

1) 单击"解算方案"按钮 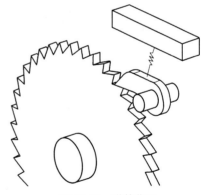，在【解算方案】对话框中的"时间"文本框中输入"36"，"步数"

图 11-13 弹簧位置

文本框中输入"300"（步数应大一些，否则仿真时容易引起视觉错觉），"重力"方向为"ZC↑"方向，其他参数采用默认值。

2) 单击"确定"按钮，退出解算方案设置，再单击"求解"按钮 █。

3) 单击"动画"按钮 █，在【动画】对话框中，单击"播放"按钮 ▶，即可观察到棘轮机构的运动情况。

机械手表机构

本项目通过机械手表的时针、分针和秒针的运动仿真，介绍创建不同零件以不同速度运动的仿真方法。

12.1 建模

1）依次创建表体、时针、分针和秒针的模型，零件图如图 12-1~图 12-4 所示。

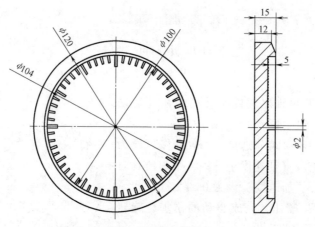

图 12-1 表体（刻线比表盘高 0.5mm）

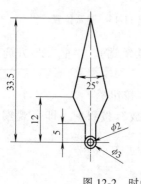

图 12-2 时针

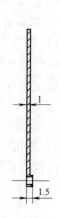

图 12-3 分针

2）创建一个新的装配文件，文件名为"机械手表"，将表体、时针、分针和秒针装配在一起，其中时针、分针和秒针位置重合，如图12-5所示。

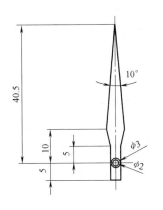

图 12-4　秒针　　　　　　　　　　图 12-5　装配表体、时针、分针和秒针

12.2　创建仿真

1. 进入仿真环境

1）在横向菜单中单击"应用模块"选项卡，再单击"运动"按钮 运动。

2）在"运动导航器"中，选择"机械手表"，再单击鼠标右键，选择"新建仿真"命令，"仿真名"设为"机械手表机构运动仿真 .sim"，单击"确定"按钮。

3）单击"确定"按钮，在【环境】对话框中，"分析类型"选择"◉动力学"，取消勾选"新建仿真时启动运动副向导"复选框。

4）单击"确定"按钮，进入仿真环境。

2. 创建连杆

1）单击"连杆"按钮，设定表体为固定连杆 L001，时针、分针和秒针分别为活动连杆 L002、L003 和 L004。

2）单击"接头"按钮，设定时针、分针和秒针为接地旋转副。

3. 创建驱动

注意：以 1h 为例，时针旋转的角度为 $360°/12 = 30°$，分针旋转的角度为 $360°$，秒针旋转的角度为 $360° \times 60 = 21600°$，则时针、分针和秒针的旋转速率比为 1 : 12 : 720。

1）双击时针的旋转副，在【运动副】对话框中，切换到"驱动"选项卡，在"旋转"下拉列表框中选择"多项式"选项，"初位移"设为 0°，"速度"设为 $1°/s$，"加速度"设为 $0°/s^2$，单击"确定"按钮，设定时针的旋转速率为 $1°/s$。

2）采用相同的方法，设定分针的"速度"为 $12°/s$，秒针的"速度"为 $720°/s$。

12.3 运动仿真

1）单击"解算方案"按钮 ，在【解算方案】对话框中的"时间"文本框中输入"30"，"步数"文本框中输入"1000"，其他参数采用系统默认值（注意：时针的旋转速率为 1°/s，运行 30s 后，时针应指向第一小时的位置）。

2）单击"确定"按钮，再单击"求解"按钮 。

3）单击"动画"按钮 ，在【动画】对话框中，单击"播放"按钮▶，即可观察到该机构的运动情况（注意：如果时针、分针和秒针的旋转方向为逆时针方向，则双击 J002、J003 和 J004，单击"反向"按钮 ，并重新单击"求解"按钮 ，即可调整时针、分针和秒针的旋转方向）。

項目 13

轴联器机构

本项目通过一个简单的实例，详细介绍在 NX 下创建轴联器运动仿真的过程。轴联器是通过滑块将两根轴线不在同一直线上的轴进行传动的机构。

13.1 建模

1）先在 NX12.0 下创建下列各零件的实体，零件图如图 13-1～图 13-3 所示。

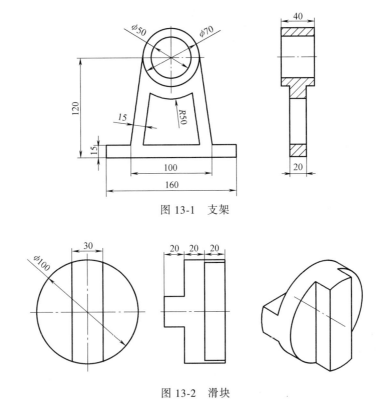

图 13-1 支架

图 13-2 滑块

2）创建装配图，文件名为"轴联器机构.prt"，并装配上列实体，半轴联器的中心与 X 轴平行，如图 13-4 所示。

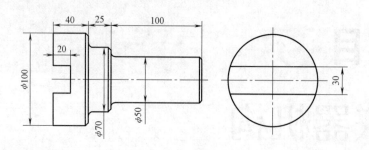

图 13-3　半轴联器

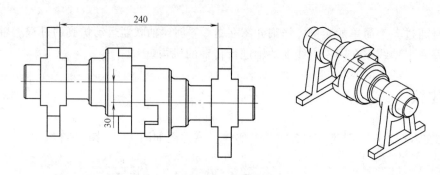

图 13-4　轴联器装配图

13.2　创建仿真

1. 进入仿真环境

1）在横向菜单中单击"应用模块"选项卡，再单击"运动"按钮 运动。在"运动导航器"中选择"轴联器机构"，再单击鼠标右键，选择"新建仿真"命令，"仿真名"设为"aaa. sim"（最好取英文名），单击"确定"按钮。

2）单击"确定"按钮，在【环境】对话框中，"分析类型"选择" 动力学"，取消勾选"新建仿真时启动运动副向导"复选框。

3）单击"确定"按钮，进入仿真环境。

2. 定义连杆

单击"连杆"按钮 ，分别定义两个支架为固定连杆 L001、L002，两个半轴联器和滑块分别为活动连杆 L003、L004 和 L005。

3. 定义运动副

1）单击"接头"按钮 ，定义右边的支架与半轴联器之间为相对旋转副，旋转中心为支架的圆心，"指定方位"选择"XC"方向 ，如图 13-5 所示。

2）采用相同的方法，定义另一个半轴联器与另一个支架为相对旋转副。

3）单击"接头"按钮 ，定义滑块与第一个半轴联器之间为相对滑动副，操作连杆选择滑块，"指定原点"在第一个半轴联器滑槽的边线上选择端点，"指定矢量"选择半轴联

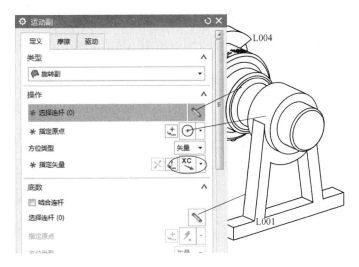

图 13-5　定义半轴联器为旋转副

器滑槽的边线，基座连杆选择第一个半轴联器，如图 13-6 所示。

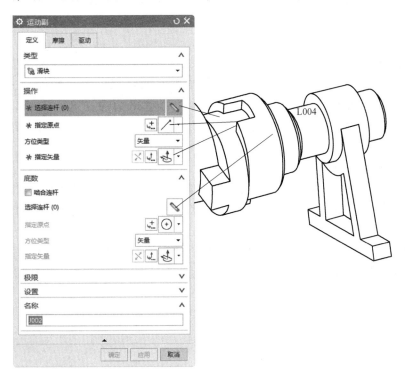

图 13-6　定义滑动副

4）采用相同的方法，定义滑块与第二个半轴联器之间为相对滑动副，左边的半轴联器与支架为相对旋转副。

5）"运动导航器"中共有 5 个连杆和 4 个运动副，其中有 2 个旋转副和 2 个滑动副，如图 13-7 所示。

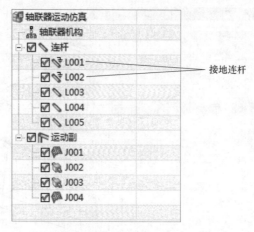

图 13-7　5个连杆和 4个运动副

4．创建驱动

1）双击第一个半轴联器的旋转副，在【运动副】对话框中，切换到"驱动"选项卡，在"旋转"下拉列表框中选择"多项式"选项，"初位移"设为0°，"速度"设为36°/s，"加速度"设为0°/s^2。

2）单击"确定"按钮，完成驱动的添加。

5．运动仿真

1）单击"解算方案"按钮，在【解算方案】对话框中的"时间"文本框中输入"20"，"步数"文本框中输入"100"（表示运动时间为20s，通过100步完成。因为初速度是36°/s，运动时间为20s，因此轴联器旋转的角度为36°/s×20s=720°，即旋转2圈），其他参数采用默认值。

2）单击"确定"按钮，退出解算方案设置。

3）单击"求解"按钮，系统自动进行解算，解算时会弹出解算的信息窗口，底部的状态栏显示当前的进度状态，完成解算后，状态栏当前进度显示100%，即可关闭信息窗口。

4）单击"动画"按钮，在【动画】对话框中单击"播放"按钮▶，即可观察到轴联器机构的运动情况，即两个半轴联器做旋转运动，滑块同时进行旋转运动和直线运动。

项目 ⑭

空间轴联器机构

本项目通过一个简单的实例，介绍同一个机构用两种不同的联接方式（将多个零件视为一个整体或不同零件之间用 3D 碰撞方式）进行传动的过程。

14.1　建模

1）先在 NX12.0 下创建下列各零件的实体，零件图如图 14-1~图 14-4 所示。

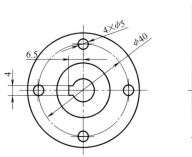
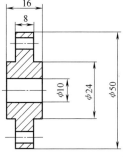

图 14-1　轮毂

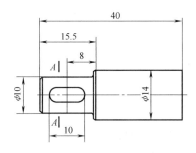
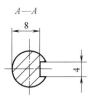

图 14-2　轴

2）创建装配图，文件名设为"空间轴联器.prt"，并装配上述实体，如图 14-5 所示。

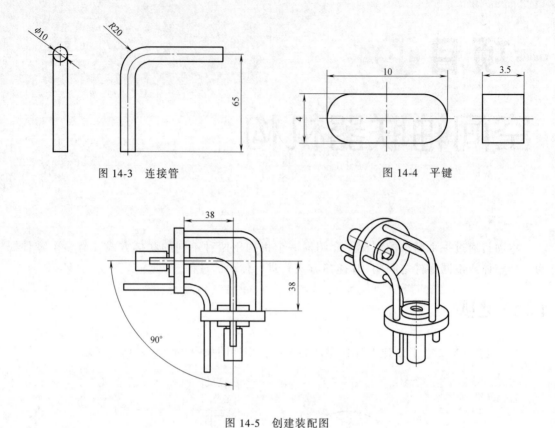

图 14-3　连接管　　　　　　　　　　　　　　　　图 14-4　平键

图 14-5　创建装配图

14.2　创建仿真

1. 进入仿真环境

1) 在横向菜单中单击"应用模块"选项卡，再单击"运动"按钮🔲 运动，在"运动导航器"中选择"空间轴联器"，再单击鼠标右键，选择"新建仿真"命令，"仿真名"设为"bbb. sim"（最好取英文名），单击"确定"按钮。

2) 单击"确定"按钮，在【环境】对话框中，"分析类型"选择"◉动力学"，取消勾选"新建仿真时启动运动副向导"复选框。

3) 单击"确定"按钮，进入仿真环境。

2. 定义连杆

单击"连杆"按钮🔲，同时选择第 1 个轴、轮毂、键，将这三个零件定义为活动连杆 L001（因为轴、轮毂和键一起运动，故将其视为一个整体），将第 2 个轴、轮毂、键定义为活动连杆 L002，4 个连接管分别定义为 L003 ~ L006，全部连杆为活动连杆。

3. 定义运动副

1) 单击"接头"按钮🔲，定义第 1 个轴、键和轮毂为旋转副，旋转中心为轴的轴心，"指定方位"选择轴线的方向，不需要选择基座连杆，直接单击"应用"按钮，创建接地旋转副 J001（因为轴、键和轮毂同步运动，同时选择轴、键和轮毂，可以将三个零件视为一个整体）。

2）按照同样的方法，将第 2 个轴、键和轮毂定义为接地旋转副 J002。

3）单击"接头"按钮，在【运动副】对话框中，"类型"选择"柱面副"，"操作"选择第一支连接管，"指定原点"选择轮毂上小圆的圆心，"指定矢量"选择"XC"，"基座"区域中"选择连杆（1）"选择轮毂，定义第一个柱面副，如图 14-6 所示。

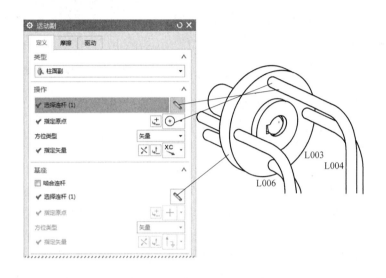

图 14-6　定义柱面副

4）采取相同的方法，定义其他 7 个柱面副。此时"运动导航器"中共有 6 个连杆和 10 个运动副，其中有 2 个旋转副和 8 个柱面副。

4. 创建驱动

1）双击 J001，在【运动副】对话框中，切换到"驱动"选项卡，在"旋转"下拉列表框中选择"多项式"选项，"初位移"设为 0°，"速度"设为 36°/s，"加速度"设为 0°/s^2。

2）单击"确定"按钮，完成驱动的添加。

5. 运动仿真

1）单击"解算方案"按钮，在【解算方案】对话框中的"时间"文本框中输入"20"，"步数"文本框中输入"100"（表示运动时间为 20s，运动过程通过 100 步完成。由于初速度是 36°/s，运动时间为 20s，则轴联器旋转的角度为 36°×20＝720°），其他参数采用默认值。

2）单击"确定"按钮，再单击求解"按钮，完成解算后，状态栏当前进度显示 100%，即可关闭信息窗口。

3）单击"动画"按钮，在【动画】对话框中，单击"播放"按钮▶，即可观察到仿真运动情况。

14.3 用"3D 接触"方式进行仿真运动

下面介绍第二种方式：将具有相同运动的零件用"3D 接触"方式进行仿真运动。

1）在"运动导航器"中，选择"空间轴联器"，单击鼠标右键，选择"新建仿真"命令，如图 14-7 所示。

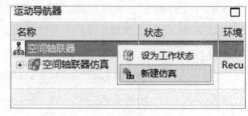

2）在【新建仿真】对话框中，"仿真名"设为"空间轴联器仿真.sim"（与第一个动画仿真的名称不能相同），单击"确定"按钮。

图 14-7 选择"新建仿真"命令

3）在【环境】对话框中，"分析类型"选择"◉动力学"，取消勾选"新建仿真时启动运动副向导"复选框。

4）单击"确定"按钮，新建运动仿真名。

5）定义连杆。单击"连杆"按钮◫，分别定义 2 个轴、2 个轮毂、2 个键和 4 个连接管分别为 L001~L0010，共 10 个连杆，全部连杆为活动连杆。

6）定义运动副。单击"接头"按钮▶，定义 2 个轴、2 个轮毂为接地旋转副，分别为J001、J002、J003、J004，将 4 支连接管和轮毂之间设为相对柱面副，分别为 J005~J0012，共 12 个运动副。

7）定义 3D 接触副。单击"3D 接触"按钮，选择竖直轴上的键（从动件）为操作体，竖直轴（主动件）为基座体，在【3D 接触】对话框中，"刚度"设为 100000N/mm，"刚度指数"设为 1.2，"材料阻尼"设为 0.8N·s/mm（材料阻尼值应小一些，否则计算时间会很长），其余参数选用默认值，如图 14-8 所示，单击"确定"按钮，创建 G001。

图 14-8 设定【3D 接触】对话框

8）采用相同的方法，设定竖直轴上的键（主动件）与竖直方向的轮毂（从动件）之间为 G002，另一个方向的轮毂（主动件）与键（从动件）、键（主动件）与轴（从动件）之间分别为 G003、G004。

注意：设定"3D 接触"时，一定要搞清楚主动件与从动件，否则不能创建仿真运动。

9）创建驱动及运动仿真与前面的方法相同。但键连接使用 3D 接触，求解的时间较长，需耐心等待，一般不建议用"3D 接触"方法进行动画仿真。

项目 ⑮

发动机气缸机构

本项目通过一个简单的实例，详细介绍在 NX 下创建发动机气缸机构运动仿真的过程。发动机气缸包括缸体、活塞、销钉、连接杆、曲轴和机架等零件。其中，活塞做往复直线运动，是从动件；曲轴做旋转运动，是主动件。

15.1　建模

1）先在 NX12.0 下创建下列各零件的实体，零件图如图 15-1～图 15-6 所示。

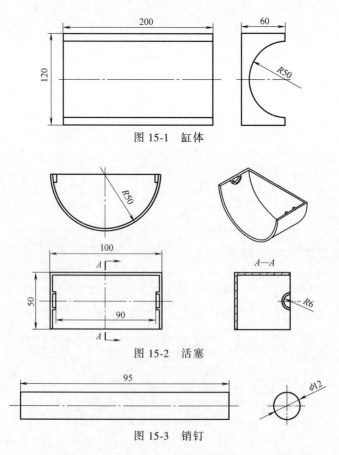

图 15-1　缸体

图 15-2　活塞

图 15-3　销钉

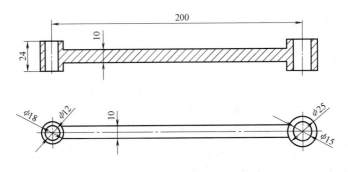

图 15-4　连接杆

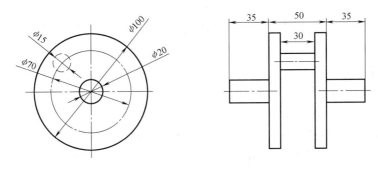

图 15-5　曲轴

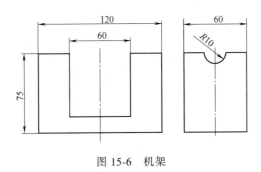

图 15-6　机架

2）创建装配文件，文件名为"发动机气缸机构 . prt"，装配后如图 15-7 所示。

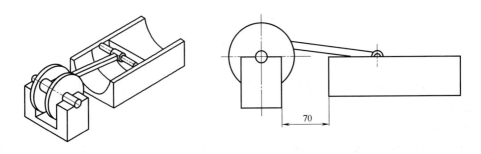

图 15-7　发动机气缸机构

15.2　创建仿真

1. 进入仿真环境

1）在横向菜单中，单击"应用模块"选项卡，再单击"运动"按钮 运动，在"运动导航器"中选择"发动机气缸机构"，再单击鼠标右键，选择"新建仿真"命令，"仿真名"设为"发动机气缸机构仿真.sim"（最好取英文名），单击"确定"按钮。

2）单击"确定"按钮，在【环境】对话框中，"分析类型"选择"◉动力学"，取消勾选"新建仿真时启动运动副向导"复选框。

3）单击"确定"按钮，进入仿真环境。

2. 创建连杆

分别设定缸体、机架为固定连杆；设定活塞、销钉、连接杆和曲轴为活动连杆，每个零件单独设定一次。

3. 创建运动副

1）单击"接头"按钮 ，在【运动副】对话框中单击"定义"选项卡，"类型"选择"滑块"，"操作连杆"选择活塞，"方位类型"选择"矢量"，"指定矢量"选择"曲线/轴矢量" ，取消勾选"啮合连杆"复选框，"基座"区域中的"选择连杆（1）"选择缸体，如图 15-8 所示，设定活塞为相对滑动副。

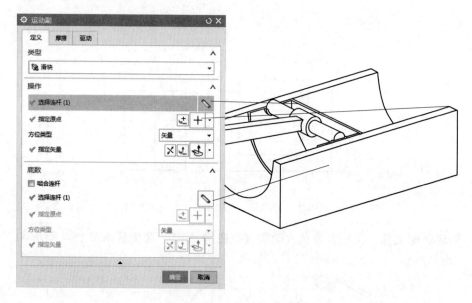

图 15-8　设定活塞为滑动副

2）定义销钉与活塞之间、连接杆与销钉之间、曲轴与连接杆之间以及曲轴与机架之间为相对旋转副。

4. 创建驱动

1）双击曲轴与机架之间的旋转副，在【运动副】对话框中，切换到"驱动"选项卡，在"旋转"下拉列表框中选择"多项式"选项，"初位移"设为0°，"速度"设为36°/s，

"加速度"设为 $0°/s^2$。

2）单击"确定"按钮，完成驱动的添加。

5. 运动仿真

1）单击"解算方案"按钮，在【解算方案】对话框中的"时间"文本框中输入"100"，"步数"文本框中输入"100"，其他参数采用系统默认值。

2）单击"确定"按钮，退出解算方案设置，再单击"求解"按钮。

3）单击"动画"按钮，在【动画】对话框中，单击"播放"按钮▶，即可观察到发动机气缸机构的运动情况。

项目 ⑯

发动机曲轴机构

发动机曲轴机构包括连杆、曲轴、连杆盖、螺母、活塞、活塞销和螺杆等零件。其中，活塞做往复直线运动，是从动件；曲轴做旋转运动，是主动件。

16.1 建模

1）先在 NX12.0 下创建下列各零件的实体，零件图如图 16-1~图 16-8 所示。

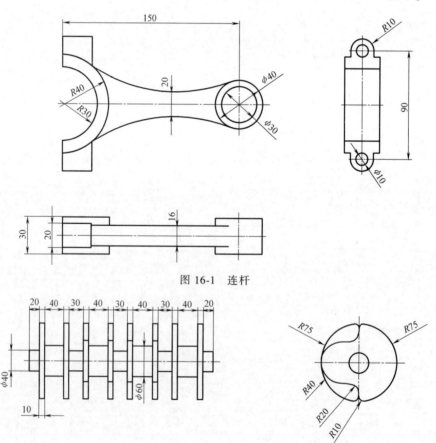

图 16-1 连杆

图 16-2 曲轴

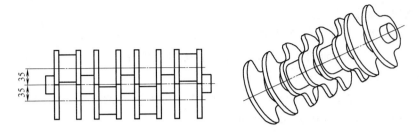

图 16-2　曲轴（续）

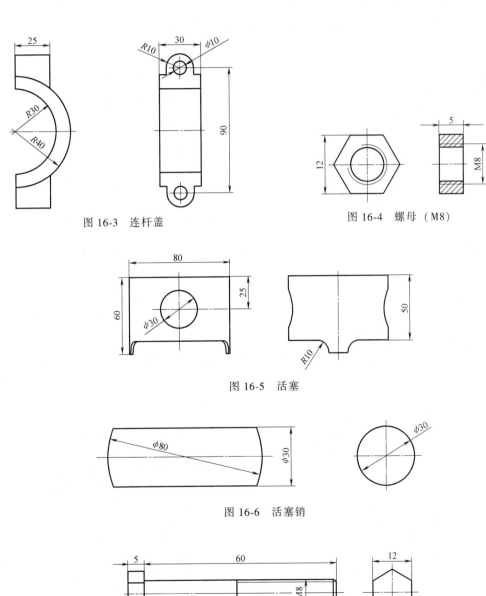

图 16-3　连杆盖

图 16-4　螺母（M8）

图 16-5　活塞

图 16-6　活塞销

图 16-7　螺杆（M8）

　　因为该机构中有多个活塞组件和连杆组件，因此可以将各个零件先装配成组件，再将组件装配成发动机曲轴机构。

　　2）创建活塞连杆装配体，文件名为"活塞连杆 . prt"，步骤如下：

　　① 新建装配文件，将连杆、连杆盖、螺杆和螺母装配在一起，并创建 XC-ZC 平面，如图 16-8 所示。

　　② 选择"菜单｜格式｜引用集"命令，在【引用集】对话框中单击"新建"按钮，在绘图区中选择所有的实体和 XC-ZC 平面。

　　③ 单击"关闭"按钮。

　　3）创建活塞体，步骤如下：

　　① 打开"活塞"文件，并创建 XC-ZC 平面和 YC-ZC 平面，如图 16-9 所示。

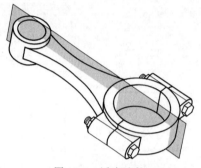

图 16-8　活塞连杆

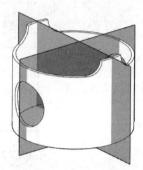

图 16-9　创建 XC-ZC 和 YC-ZC 平面

　　② 选择"菜单｜格式｜引用集"命令，在【引用集】对话框中，单击"新建"按钮，在绘图区中选择所有的实体和 XC-ZC、YC-ZC 平面，单击"关闭"按钮。

　　③ 打开"活塞销"文件，并创建 XC-YC、YC-ZC 平面，如图 16-10 所示。

　　④ 选择"菜单｜格式｜引用集"命令，在【引用集】对话框中，单击"新建"按钮，在绘图区中选择所有的实体和 XC-YC、YC-ZC 平面，单击"关闭"按钮。

　　⑤ 创建新的装配文件，文件名为"活塞体 . prt"，装配活塞和活塞销，如图 16-11 所示。

　　注意：装配时，选择"菜单｜装配｜组件｜添加组件"命令后，在【添加组件】对话框中，"引用集"选择"整个部件"才能显示基准平面。

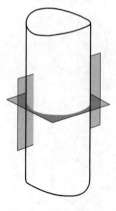

图 16-10　打开"活塞销"文件

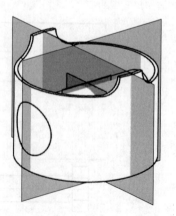

图 16-11　装配活塞体

4）创建曲轴组件，步骤如下：

① 打开"曲轴"文件，并创建 XC-ZC 平面，如图 16-12 所示。

② 选择"菜单 | 插入 | 基准点/基准平面"命令，在【基准平面】对话框中，"类型"选择"二等分"，创建两个平面之间的中间平面，如图16-13 所示。

③ 采用相同的方法，创建另外三个中间平面。

④ 选择"菜单 | 格式 | 引用集"命令，在【引用集】对话框中单击"新建"按钮，在绘图

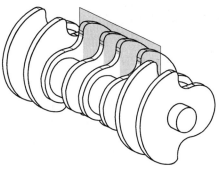

图 16-12 打开"曲轴"文件

区中选择所有的实体以及刚才创建的基准平面，单击"关闭"按钮。

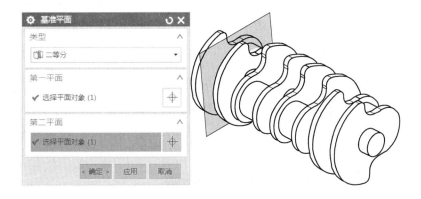

图 16-13 创建两个平面之间的中间平面

⑤ 单击"保存"按钮。

5）装配曲轴连杆，文件名设为"发动机曲轴机构 . prt"。装配曲轴、活塞体和曲轴连杆，因为活塞是上下运动的，所以活塞的 XC-ZC 平面与曲轴的 XC-ZC 平面对齐，如图 16-14 所示。

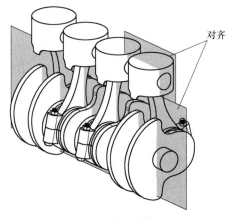

图 16-14 装配曲轴连杆

16.2　创建仿真

1. 进入仿真环境

1）在横向菜单中单击"应用模块"选项卡，再单击"运动"按钮 运动。在"运动导航器"中选择"发动机曲轴机构"，单击鼠标右键，选择"新建仿真"命令，名称设为"发动机曲轴机构运动仿真.sim"。单击"确定"按钮，在【环境】对话框中，"分析类型"选择"◉动力学"，取消勾选"新建仿真时启动运动副向导"复选框。

2）单击"确定"按钮，进入仿真环境。

2. 定义连杆

1）单击"连杆"按钮，在四组活塞和活塞销中，选择其中一组活塞和活塞销为活动连杆L001（同时选择活塞和活塞销，可以将它们定义为一个整体，仿真时一起运动）。

2）按相同的方法，分别定义其余三组活塞和活塞销、曲轴、四组螺杆、螺母、连杆、连杆盖为活动连杆，依次为L002～L009。

3. 创建运动副

1）单击"接头"按钮，在【运动副】对话框中，单击"定义"选项卡，"类型"选择"旋转副"，在工作区中选择曲轴，选择曲轴的圆心为旋转副的中心，"方位类型"选择"矢量"，"指定矢量"选择"XC"，取消勾选"啮合连杆"复选框，如图16-15所示，设定曲轴为接地旋转副。

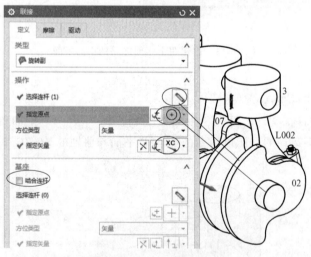

图16-15　定义曲轴为旋转副

2）采用相同的方法，分别定义4组曲轴连杆与曲轴之间为相对旋转副，旋转中心为R40mm的圆心。由于曲轴是主动件，因此选择曲轴为基座连杆。

3）分别定义4组曲轴连杆与活塞体之间为相对旋转副，旋转中心为活塞销的圆心，在活塞体与曲轴连杆之间，由于曲轴连杆是主动件，因此选择曲轴连杆为基座连杆。

4）分别定义4组活塞体为滑动副，"指定矢量"方向为"+ZC"。

5）该机构中共有13组运动副（9组相对旋转副和4组滑动副）。

4. 创建驱动

1）双击曲轴的接地旋转副，在【运动副】对话框中，切换到"驱动"选项卡，在"旋转"下拉列表框中选择"多项式"选项，"初位移"设为0°，"速度"设为100°/s，"加速度"设为0°/s^2。

2）单击"确定"按钮，完成驱动的添加，旋转副J001上添加旋转驱动的标识。

5. 运动仿真

1）单击"解算方案"按钮，在【解算方案】对话框中的"时间"文本框中输入"10"，"步数"文本框中输入"100"（表示运动时间为10s，分100步完成），其他参数采用默认值。

2）单击"确定"按钮，再单击"求解"按钮。

3）单击"动画"按钮，在【动画】对话框中，单击"播放"按钮▶，即可观察到曲轴机构的运动情况，即曲轴做旋转运动，活塞做上下运动。

项目 ⑰

带传动机构

带传动是一种常见的传动机构，在进行带传动仿真时，可将主动轮和从动轮之间的传动视为齿轮传动。

17.1 建模

1）创建下列零件，零件图如图 17-1~图 17-3 所示。

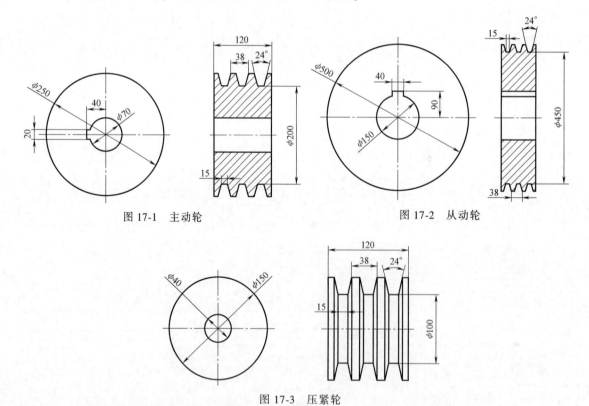

图 17-1 主动轮

图 17-2 从动轮

图 17-3 压紧轮

2）创建带，步骤如下：

① 单击 "新建" 按钮 ，在【新建文件】对话框中，选择 "模型" 模板， "文件名"

设为"带.prt",单击"确定"按钮,进入建模环境。

② 单击"拉伸"按钮■,在【拉伸】对话框中,单击"绘制截面"按钮■,以 XOY 平面为草绘平面,绘制第一个草图,如图 17-4 所示。

③ 在空白处单击鼠标右键,选择"完成草图"命令。在【拉伸】对话框中,"指定矢量"选择"ZC"■,"开始距离"设为−60mm,"结束距离"设为 60mm,单击"确定"按钮,创建带的拉伸实体,如图 17-5 所示。

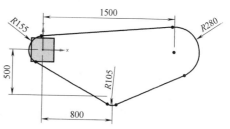

图 17-4 绘制第一个草图

④ 单击"抽壳"按钮■,选择实体的上、下底面为可移除的面,"厚度"设为 30mm,单击"确定"按钮,创建带的抽壳实体,如图 17-6 所示。

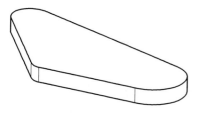

图 17-5 创建带的拉伸实体

图 17-6 创建带的抽壳实体

⑤ 单击"草图"按钮■,以 ZOX 平面为草绘平面,绘制第二个草图,且草图的上、下两条斜线关于 XOY 平面对称,如图 17-7 所示(其中,"1725"是到 Y 轴的水平距离)。

⑥ 在空白处单击鼠标右键,选择"完成草图"命令,创建第二个截面。

⑦ 选择"菜单|扫掠|扫掠"命令,以第二个草图为截面曲线,实体的边线为引导曲线,创建扫掠实体,如图 17-8 所示。

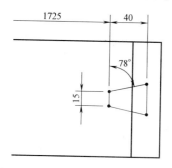

图 17-7 绘制第二个草图

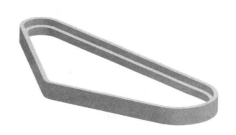

图 17-8 创建带的扫掠实体

⑧ 选择"菜单|插入|关联复制|阵列特征"命令,选择扫掠实体为阵列对象,在【阵列】对话框中,"布局"选择"线性"选项■,"指定矢量"选择"ZC"■,"间距"选择"数量和节距","数量"为 2,"节距"设为 38mm,勾选"对称"复选框。

⑨ 单击"确定"按钮,创建带的阵列特征,如图 17-9 所示。

⑩ 单击"合并"按钮■,将所有实体合并成一个整体,即创建带特征。

3)装配。单击"新建"按钮■,在【新建】对话框中选择"装配"模板,文件名设为"带传动机构.prt",将主动轮、从动轮、压紧轮和带装配成带传动机构,如图17-10所示。

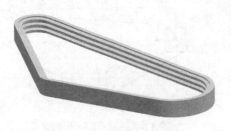

图 17-9 创建带的阵列特征

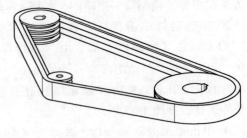

图 17-10 带传动机构

17.2 创建仿真

1. 进入仿真环境

1)在横向菜单中单击"应用模块"选项卡,再单击"运动"按钮 运动。在"运动导航器"中,选择"带传动机构",单击鼠标右键,选择"新建仿真"命令,名称设为"带传动机构运动仿真.sim"。单击"确定"按钮,在【环境】对话框中,"分析类型"选择"◉动力学",取消勾选"新建仿真时启动运动副向导"复选框。

2)单击"确定"按钮,进入仿真环境。

2. 定义连杆

单击"连杆"按钮,分别设定主动轮、从动轮、压紧轮和带为活动连杆 L001、L002、L003、L004。

3. 创建运动副

注意:在带传动机构中,传动带视为不动,将其设为固定副,主动轮与从动轮之间,以及主动轮与压紧轮之间视为齿轮副。

1)单击"接头"按钮,分别设定主动轮、从动轮和压紧轮为接地旋转副,将带设为固定副。

2)单击"齿轮耦合副"按钮,在【齿轮耦合副】对话框中,单击"第一个运动副"选项组下方的"选择运动副(1)"按钮,在"运动导航器"中选择主动轮的旋转副,半径为250/2;再单击"第二个运动副"选项组下方的"选择运动副(1)"按钮,在"运动导航器"中选择从动轮的旋转副,半径为-500/2。在【齿轮耦合副】对话框中的"显示比例"文本框中输入"1"(主动轮与从动轮的直径比,因为主、从动轮旋转方向相同,所以比值取负数)。

3)再次单击"齿轮耦合副"按钮,在【齿轮耦合副】对话框中,单击"第一个运动副"选项组下方的"选择运动副(1)"按钮,半径为250/2,在"运动导航器"中选择主动轮的旋转副;再单击"第二个运动副"选项组下方的"选择运动副(1)"按钮,在"运动导航器"中选择压紧轮的旋转副,半径为-150/2。在【齿轮耦合副】对话框中的"显示比例"文本框中输入"1"。

4. 创建驱动

1）在"运动导航器"中双击主动轮的旋转副，在【运动副】对话框中切换到"驱动"选项卡，在"旋转"下拉列表框中选择"多项式"选项，"初位移"设为 0°，"速度"设为 36°/s，"加速度"设为 0°/s^2。

2）单击"确定"按钮，完成驱动的添加。

5. 运动仿真

1）单击"解算方案"按钮，在【解算方案】对话框中，"解算类型"选择"常规驱动"，在"时间"文本框中输入"10"，"步数"文本框中输入"100"，其他参数采用默认值，单击"确定"按钮。

2）单击"求解"按钮，再单击"动画"按钮，在【动画】对话框中，单击"播放"按钮▶，即可观察到该机构的运动情况。

3）单击"保存"按钮，保存文档。

螺杆螺母机构

本项目通过从上往下建模的方法，先创建螺杆螺母机构的整体造型，再运用 WAVE 模式，创建螺杆螺母机构的下层零件（即螺杆和螺母），并在 NX 下创建螺杆螺母机构运动仿真的过程。这种建模方式在实际工作中比较常用。

18.1　建模

1. 创建螺杆螺母机构的整体造型

1）启动 NX12.0，再单击"新建"按钮，在【新建】对话框中，"名称"设为"螺杆螺母机构 . prt"，"单位"选择"毫米"，选择"模型"模板。

2）选择"菜单 | 插入 | 设计特征 | 圆柱体"命令，在【圆柱】对话框中，"类型"选择"轴、直径和高度"，"指定矢量"选择"XC"，单击"指定点"按钮，在【点】对话框中输入（0，0，0），"直径"设为 20mm，"高度"设为 5mm，如图 18-1 所示。

3）单击"确定"按钮，创建第 1 个圆柱体，如图 18-2 所示。

4）采用相同的方法，创建第 2 个圆柱体（φ10mm×100mm），如图 18-2 所示。

5）单击"合并"按钮，将两个圆柱体求和。

6）单击"倒斜角"按钮，创建倒斜角特征（1mm×1mm），如图 18-2 所示。

7）选择"菜单 | 插入 | 设计特征 | 螺纹"命令，在【螺纹】对话框中选中"●详细"和"●右旋"单选按钮。然后再选择第 2 个圆柱体，在【螺纹】对话框中设定"小径"为 8.5mm，"长度"为 90mm，"螺距"为 2mm，"角度"为 60°，如图 18-3 所示。

图 18-1　【圆柱】对话框

8）单击"确定"按钮，创建螺杆，如图 18-4 所示。

9）选择"菜单 | 插入 | 设计特征 | 圆柱体"命令，在【圆柱】对话框中，"类型"选择"轴、直径和高度"，"指定矢量"选择"XC"，单击"指定点"按钮，在【点】对话框

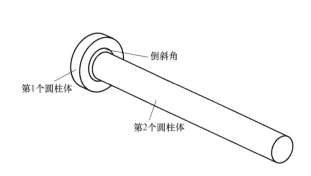

图 18-2 创建 2 个圆柱体和倒斜角特征

图 18-3 【螺纹】对话框

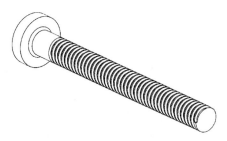

图 18-4 创建螺杆

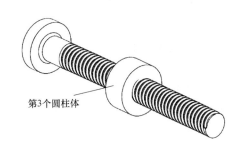

图 18-5 创建第 3 个圆柱体

中输入（50，0，0），"直径"设为 20mm，"高度"设为 10mm，"布尔"选择"无"。

10）单击"确定"按钮，创建第 3 个圆柱体，如图 18-5 所示（第 3 个圆柱体和前面的实体不能合并）。

11）选择"菜单 | 插入 | 组合 | 减去"命令，在【求差】对话框中，勾选"保存工具"复选框，目标体选择第 3 个圆柱体，工具体选择螺杆实体，如图 18-6 所示。

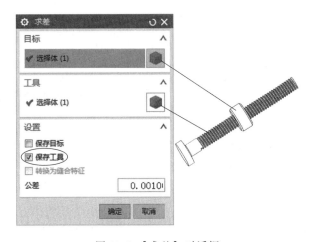

图 18-6 【求差】对话框

12）单击"确定"按钮，创建螺母。

2. 运用 WAVE 模式创建螺杆和螺母

1）在左边的工具条中先选择"装配导航器"，然后在"装配导航器"中选择"螺杆螺母副"；单击鼠标右键，选择"WAVE"→"新建层"，如图 7-13 所示。

2）在【新建层】对话框中单击"指定部件名"按钮，如图 7-14 所示。

3）在【选择部件名】对话框中输入文件名为"螺杆"。

4）在【新建层】对话框中单击"类选择"按钮，在工作区中选择螺杆。

图 18-7　创建螺杆和螺母

5）单击"确定"按钮，创建螺杆。

6）采用相同的方法，创建螺母。

7）在"装配导航器"中创建螺杆和螺母，如图 18-7 所示。

注意：通过常规方法装配螺母、螺杆非常困难，而运用上述方法创建螺杆、螺母，同时也能解决螺杆、螺母的配合问题。

18.2　创建仿真

1. 进入仿真环境

1）在横向菜单中单击"应用模块"选项卡，再单击"运动"按钮 🔺 运动。在"运动导航器"中选择"螺杆螺母副"，单击鼠标右键，选择"新建仿真"命令，名称设为"lglm.sim"。单击"确定"按钮，在【环境】对话框中，"分析类型"选择"◉动力学"，取消勾选"新建仿真时启动运动副向导"复选框。

2）单击"确定"按钮，进入仿真环境。

2. 创建活动连杆

单击"连杆"按钮 ☖，设定螺杆为活动连杆 L001，螺母为活动连杆 L002。

3. 创建运动副

1）单击"接头"按钮 ⊨，在【运动副】对话框中单击"定义"选项卡，"类型"选择"旋转副"，操作连杆选择螺杆，"方位类型"选择"矢量"，"指定矢量"选螺杆的中心轴，"指定原点"选螺杆的圆心，在"底数"区域中不选择连杆。

2）单击"确定"按钮，设定螺杆为接地旋转副 J001（不选连杆的为接地副）。

3）采用同样的方法，设定螺母为接地滑动副。

4. 创建驱动

1）双击 J001，在【运动副】对话框中切换到"驱动"选项卡，在"旋转"下拉列表框中选择"铰接运动"选项，如图 18-8 所示。

图 18-8　【运动副】对话框

2）单击"确定"按钮，完成驱动的添加。

3）双击 J002，在【运动副】对话框中切换到"驱动"选项卡，在"旋转"下拉列表框中选择"铰接运动"选项，如图 18-8 所示。

4）单击"确定"按钮，完成驱动的添加。

5. 运动仿真

1）单击"解算方案"按钮，在【解算方案】对话框中，"解算方案类型"选择"铰接运动驱动"，其他参数选用默认值，如图 18-9 所示。

2）单击"确定"按钮，退出解算方案设置。

3）单击"求解"按钮，在【铰接运动】对话框中，"铰接运动模式"选择"步长"，勾选"J001"与"J002"复选框，分别设置"步长"为360°和 2mm（表示螺杆每旋转一周，螺母前进2mm），"步数"为 3，再单击"单步向前次数"按钮，如图 18-10 所示。

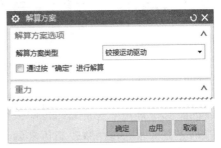

图 18-9 【解算方案】对话框

4）单击"动画"按钮，在【动画】对话框中，单击"播放"按钮▶，即可观察到该机构的运动情况。

提问：在图 18-10 中，如果单击"单步向前次数"按钮次数越多，动画有什么不同？

图 18-10 设置【铰接运动】对话框

项目 ⑲

挖掘机手臂机构

挖掘机手臂是一种常见的传动机构。本项目通过一个简单的实例，介绍挖掘机手臂机构的结构，并介绍通过函数控制仿真运动的方法。

19.1 建模

1）启动 NX12.0，在"建模"模块下创建下列零件，零件图如图 19-1~图 19-6 所示。

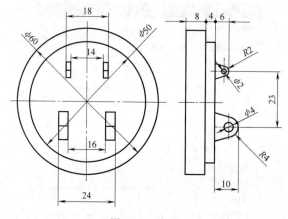

图 19-1 底座

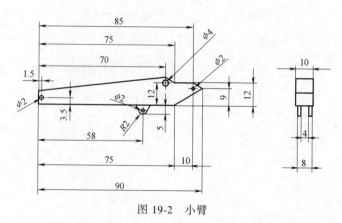

图 19-2 小臂

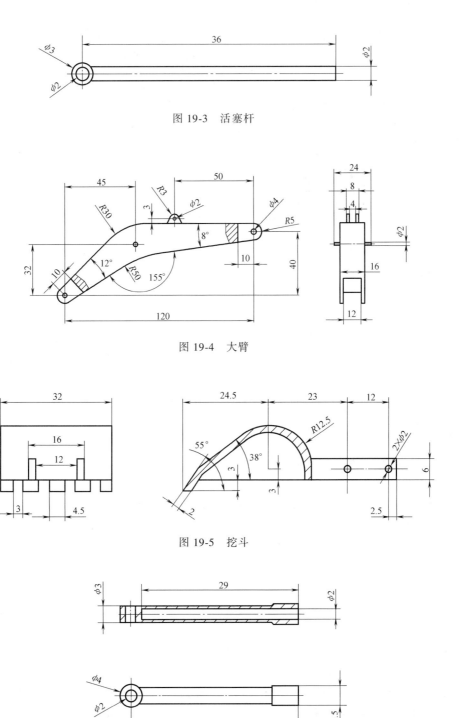

图 19-3　活塞杆

图 19-4　大臂

图 19-5　挖斗

图 19-6　液压缸

　　2）装配。创建新的装配文件，文件名为"挖掘机手臂机构.prt"，将上述零件装配在一起，其中活塞杆在不同的位置伸出的长度分别为 16mm、8mm 和 16mm，如图 19-7 所示。

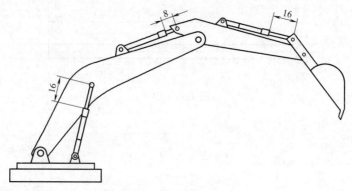

图 19-7　挖掘机手臂机构

19.2　创建仿真

1. 进入仿真环境

1）在横向菜单中单击"应用模块"选项卡，再单击"运动"按钮 ⌂ 运动。在"运动导航器"中选择"挖掘机手臂机构"，单击鼠标右键，选择"新建仿真"命令，名称设为"挖掘机手臂机构运动仿真 . sim"。单击"确定"按钮，在【环境】对话框中"分析类型"选择"⊙ 动力学"，取消勾选"新建仿真时启动运动副向导"复选框。

2）单击"确定"按钮，进入仿真环境。

2. 定义连杆

单击"连杆"按钮 ↘，分别设定底座（L001）、大臂（L002）、底座与大臂相连的两组液压缸和活塞（分别为 L003~L006）、大臂上面的液压缸和活塞（分别为 L007、L008）、小臂（L009）、小臂上的液压缸和活塞（分别为 L010、L011）、挖斗（L012）为活动连杆。

3. 创建运动副

单击"接头"按钮 ⋔，将底座设为绝对旋转副，4 组液压缸与活塞之间为相对滑动副，其余为相对旋转副，共有 16 个运动副。

4. 创建驱动

挖掘机的一连串动作过程为：挖掘机大臂下降→挖掘→抬起挖斗→旋转底座→挖斗伸直。这里用函数控制挖掘机的仿真运动，具体步骤如下：

1）在"运动导航器"中双击底座的绝对旋转副，在【运动副】对话框中，切换到"驱动"选项卡，在"旋转"下拉列表框中选择"函数"选项，"函数数据类型"选择"位移"，再单击"函数"栏右侧的按钮 ⬇，选择"$f(x)$ 函数管理器"，如图 19-8 所示。

2）在【XY 函数管理器】对话框中，"函数属性"选择"⊙ 数学"，"用途"选择"运动"，"函数类型"选择"时间"，单击按钮 ✐，如图 19-9 所示。

3）在【XY 函数编辑器】对话框中，"插入"选择"运动函数"，在下拉列表中双击"STEP（x，x0，h0，x1，h1）"，在"公式 ="文本框中输入"STEP（time，9，0，12，90）"（表示底座在 0~9s 之间旋转角度为 0°，9~12s 之间旋转角度为 90°，公式中的"（""）"和"，"等字符必须在非中文状态下输入，否则为非法字符），"时间"单位选择

图 19-8 【运动副】对话框

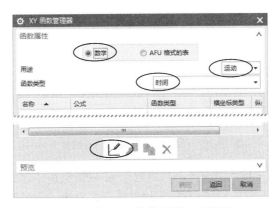

图 19-9 【XY 函数管理器】对话框

"s"，"角位移"单位选择"°"，如图 19-10 所示。单击三次"确定"按钮，设定底座的运动驱动。

4) 采用相同的方法，双击大臂与底座上的液压缸与活塞之间的滑动副，在【XY 函数管理器】对话框中，在"公式 ="文本框中输入"STEP（time，0，0，3，-8）+STEP（time，9，0，12，8）"，"时间"单位选择"s"，"位移"单位选择"mm"。表示液压缸与活塞在 0s 以前，活塞没有相对移动；0~3s 之间，活塞缩进 8mm；在 3~9s 之前，活塞没有移动；在 9~12s 之间，活塞伸长 8mm（大臂与底座之间有两组滑动副，只需对其中一组建立驱动）。

5) 采用相同的方法，双击大臂与小臂之间的滑动副，在【XY 函数管理器】对话框中，在"公式 ="文本框中输入"STEP（time，4，0，6，8）+ STEP（time，15，0，18，-9）"，"时间"单位选择"s"，"位移"单位选择"mm"。

6) 双击小臂与挖斗之间的相对滑动副，在【XY 函数管理器】对话框中，在"公式 ="文本框中输入"STEP（time，6，0，9，8）+STEP（time，15，0，20，-9）"，"时间"单位选择"s"，"位移"单位选择"mm"。

5. 运动仿真

1) 单击"解算方案"按钮🔧，在【解算方案】对话框中，"解算类型"选择"常规驱

图 19-10 【XY 函数编辑器】对话框参数

动"，在"时间"文本框中输入"20"，"步数"文本框中输入"200"（表示运动时间为 20s，运动过程分 200 步完成），其他参数采用默认值，单击"确定"按钮。

2）单击"求解"按钮▓，再单击"动画"按钮▓，在【动画】对话框中，单击"播放"按钮▶，即可观察到该机构的运动仿真。

注意：如果图 19-10 中单位选错，将会导致仿真失败；如果活塞伸出或缩回的长度过长，将会导致产生干涉，也会导致仿真失败；如果滑动副的运动方向相反，也会导致仿真失败。

项目 ⑳

牛头刨床机构

本项目通过牛头刨床的建模、装配、运动和仿真，介绍牛头刨床的机构。

20.1 建模

1）启动 NX12.0，在"建模"模块下创建下列零件，零件图如图 20-1~图 20-6 所示。

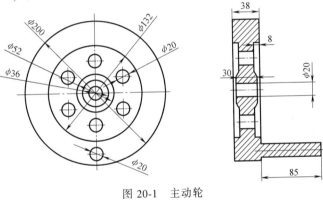

图 20-1 主动轮

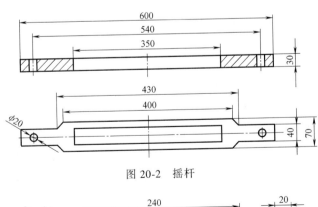

图 20-2 摇杆

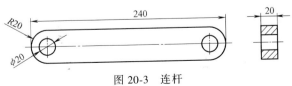

图 20-3 连杆

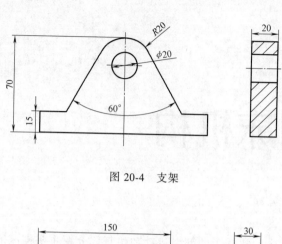

图 20-4　支架

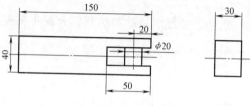

图 20-5　刨头

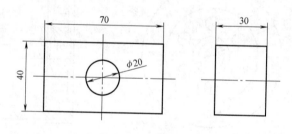

图 20-6　滑块

2）在"装配"模板下创建新的装配文件，文件名为"牛头刨床机构.prt"，如图 20-7 所示。

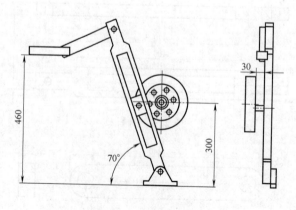

图 20-7　牛头刨床装配图

20.2　创建仿真

1. 进入仿真环境

1）在横向菜单中单击"应用模块"选项卡，再单击"运动"按钮 运动。在"运动导航器"中选择"牛头刨床机构"，单击鼠标右键，选择"新建仿真"命令，名称设为"牛头刨床机构运动仿真.sim"。单击"确定"按钮，在【环境】对话框中"分析类型"选择"◉动力学"，取消勾选"新建仿真时启动运动副向导"复选框。

2）单击"确定"按钮，进入仿真环境。

2. 定义连杆

单击"连杆"按钮，分别设定支架（L001）为固定连杆，设定摇杆（L002）、滑块（L003）、主动轮（L004）、连杆（L005）和刨头（L006）为活动连杆。

3. 创建运动副

单击"接头"按钮，将主动轮设为接地旋转副，摇杆与支架之间为旋转副，摇杆与滑块之间为滑动副，滑块与主动轮之间为旋转副，摇杆与连杆之间为旋转副，连杆与刨头之间为旋转副，刨头为接地滑动副。

4. 创建驱动

在"运动导航器"中双击主动轮的旋转副，在【运动副】对话框中，切换到"驱动"选项卡，在"旋转"下拉列表框中选择"多项式"选项，"初位移"设为0°，"初速度"设为10°/s，"加速度"设为0°/s^2。单击"确定"按钮，完成驱动的添加。

5. 运动仿真

1）单击"解算方案"按钮，在【解算方案】对话框中的"时间"文本框中输入"36"，"步数"文本框中输入"200"，其他参数采用系统默认值，单击"确定"按钮。

2）单击"求解"按钮，再单击"动画"按钮，在【动画】对话框中，单击"播放"按钮▶，即可观察到该机构的仿真运动。

3）单击"保存"按钮，保存文档。

项目 ㉑

缝纫机运动机构

典型的缝纫机是由支架、踏板、连杆、曲柄、圆带等零件组成的。通过本项目学习，读者可以了解缝纫机的结构和传动原理。

21.1　建模

1) 启动 NX12.0，在"建模"模块下创建下列零件，零件图如图 21-1～图 21-9 所示。

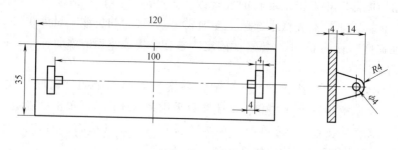

图 21-1　支架

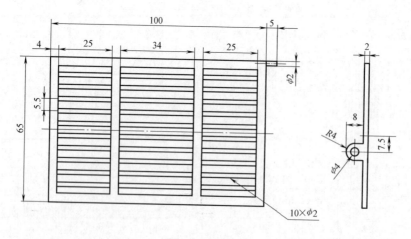

图 21-2　踏板

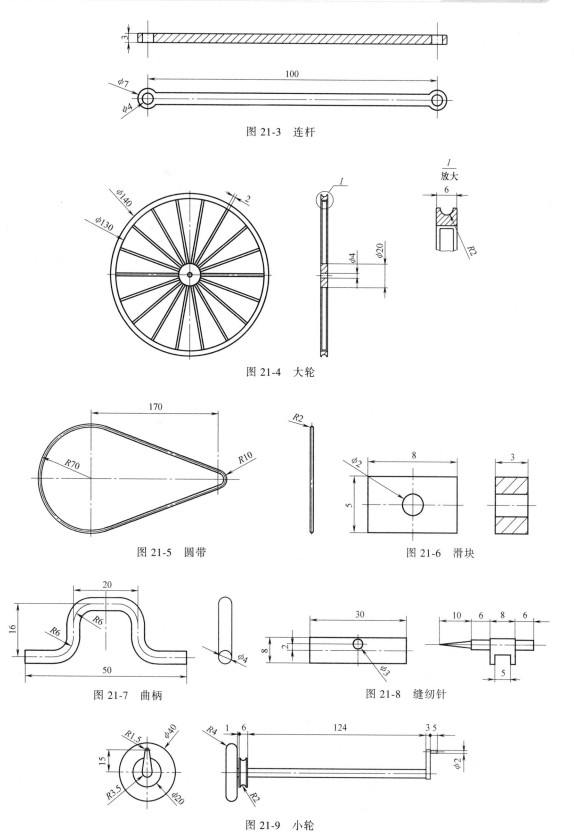

图 21-3　连杆

图 21-4　大轮

图 21-5　圆带

图 21-6　滑块

图 21-7　曲柄

图 21-8　缝纫针

图 21-9　小轮

2）创建新的装配文件，文件名为"缝纫机运动机构.prt"，如图21-10所示。

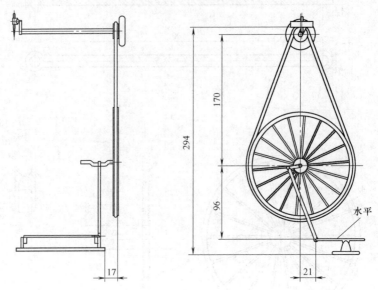

图 21-10　缝纫机运动机构

21.2　创建仿真

1. 进入仿真环境

1）在横向菜单中单击"应用模块"选项卡，再单击"运动"按钮 运动。在"运动导航器"中选择"缝纫机运动机构"，单击鼠标右键，选择"新建仿真"命令，名称设为"缝纫机运动机构运动仿真.sim"。单击"确定"按钮，在【环境】对话框中，"分析类型"选择"◉动力学"，取消勾选"新建仿真时启动运动副向导"复选框。

2）单击"确定"按钮，进入仿真环境。

2. 定义连杆

单击"连杆"按钮 ，分别设定支架（L001）和圆带（L002）为固定连杆，踏板（L003）、连杆（L004）、曲柄和大轮（L005）、小轮（L006）、滑块（L007）和缝纫针（L008）为活动连杆。

3. 创建运动副

单击"接头"按钮 ，将大轮和小轮分别设为接地旋转副，踏板与支架之间为旋转副，踏板与连杆之间为旋转副，连杆与曲柄之间为旋转副，小轮与滑块之间为旋转副，滑块与缝纫针之间为滑动副，缝纫针设为上、下运动的接地滑动副，共有 8 个运动副。

大轮和小轮之间设为齿轮耦合副，大轮半径设为 140mm，小轮半径设为 20mm，"显示比例"设为"1"。

4. 创建驱动

1）在"运动导航器"中双击大轮的旋转副，在【运动副】对话框中，切换到"驱动"选项卡，在"旋转"下拉列表框中选择"多项式"选项，"初位移"设为 0°，"速度"设为 36°/s，"加速度"设为 0°/s^2。

2）单击"确定"按钮，完成驱动的添加。

5. 运动仿真

1）单击"解算方案"按钮 ⚙，在【解算方案】对话框中的"时间"文本框中输入"20"，"步数"文本框中输入"200"，其他参数采用默认值，单击"确定"按钮。

2）单击"求解"按钮 ⚙，再单击"动画"按钮 ⚙，在【动画】对话框中，单击"播放"按钮 ▶，即可观察到该机构的仿真运动。

3）单击"保存"按钮 💾，保存文档。

项目 22

机床自动进给机构

本项目介绍了机床主轴箱自动进给机构的建模和装配，对机构中的圆柱凸轮机构、摇杆滑块机构与齿轮齿条机构的联合运动进行了仿真。

22.1 建模

1）启动 NX12.0，在"建模"模块下创建下列零件，零件图如图 22-1~图 22-3 所示。

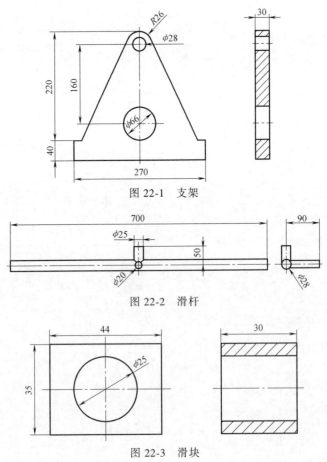

图 22-1 支架

图 22-2 滑杆

图 22-3 滑块

2）按下列步骤创建圆柱凸轮。

① 启动 NX12.0，单击"新建"按钮，在【新建】对话框中，"名称"设为"圆形凸轮.prt"，"单位"选择"毫米"，选择"模型"模板。

② 选择"菜单 | 工具 | 表达式"命令，在【表达式】对话框中，"名称"文本框中输入"t"，"公式"文本框中输入"1"，"量纲"选择"无单位"，"类型"选择"数字"，再单击"应用"按钮，如图 22-4 所示。

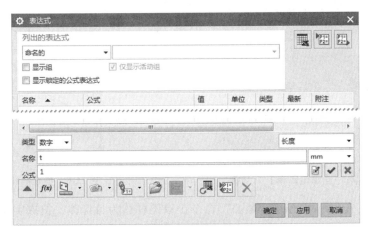

图 22-4 【表达式】对话框

③ 采用相同的方法，依次输入表 22-1 中曲线的参数。

表 22-1 曲线的参数

名称	公 式	量纲	类型	含 义
t	1	无单位	数字	系统变量，取值范围 0~1
d	160	长度	数字	圆柱凸轮的直径
h	220	长度	数字	圆柱凸轮的高度
x	$d * \cos(360 * t)/2$	长度	数字	曲线上 x 坐标值
y	$d * \sin(360 * t)/2$	长度	数字	曲线上 y 坐标值
z	$d * \cos(360 * t)/2+h/2$	长度	数字	曲线上 z 坐标值

④ 上述内容输入完成之后，再选择"菜单 | 插入 | 曲线 | 规律曲线"命令，在【规律曲线】对话框中，"规律类型"均选择"根据方程"，在"参数"文本框中均输入"t"，在"函数"文本框中分别输入"x""y""z"，如图 22-5 所示。

⑤ 单击"确定"按钮，创建曲线，如图 22-6 所示。

⑥ 创建一个直径为 160mm、高为 220mm 的圆柱，如图 22-6 所示。

⑦ 选择"菜单 | 插入 | 草图"命令，以 ZOX 平面为草绘平面，绘制一个 20mm×20mm 的矩形截面，如图 22-7 所示。再在空白处单击鼠标右键，选择"完成草图"命令。

⑧ 选择"菜单 | 插入 | 扫掠 | 扫掠"命令，选择矩形截面为截面曲线，选择图 22-6 中创建的曲线为引导曲线，在【扫掠】对话框中勾选"保留形状"复选框，"对齐"选择"参数"，"方法"选择"矢量方向"，"指定矢量"选择"ZC"。

⑨ 单击"确定"按钮，创建扫掠实体。

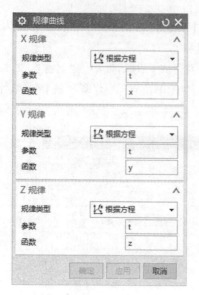

图 22-5 【规律曲线】对话框

图 22-6 创建曲线和圆柱

⑩ 选择"菜单｜插入｜组合｜减去"命令，以圆柱体为目标体，扫掠实体为工具体，创建凹槽，如图 22-8 所示。

⑪ 在实体的两端创建圆柱体（φ66mm×480mm），两头各伸出 130mm，如图 22-8 所示。

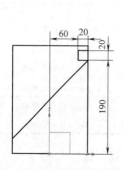

图 22-7 绘制矩形截面

图 22-8 创建凹槽

3）按下列步骤创建扇形齿轮（齿轮的模数为 5mm，齿数为 51，齿宽为 25mm）。

① 启动 NX12.0，单击"新建"按钮，在【新建】对话框中，"名称"设为"扇形齿轮.prt"，"单位"选择"毫米"，选择"模型"模板。

② 选择"菜单｜GC 工具箱｜齿轮建模｜柱齿轮"命令，在【渐开线圆柱齿轮建模】对话框中选择"◉创建齿轮"选项，如图 6-1 所示。

③ 单击"确定"按钮，在【渐开线圆柱齿轮类型】对话框中选择"◉直齿轮""◉外啮合齿轮""◉滚齿"选项，如图 6-2 所示。

④ 单击"确定"按钮，在【渐开线圆柱齿轮参数】对话框中，"名称"设为"A1"，

"模数"设为 5mm，"牙数"设为 51，"齿宽"设为 25mm，"压力角"设为 20.0°。

⑤ 单击"确定"按钮，在【矢量】对话框中，"类型"选择"ZC↑轴"。

⑥ 单击"确定"按钮，在【点】对话框中，"类型"选择"自动判断的点"，"参考"选择"绝对-工件部件"，在坐标栏中输入（0，0，0）。

⑦ 单击"确定"按钮，创建齿轮，如图 22-9 所示。

⑧ 单击"拉伸"按钮，在【拉伸】对话框中，单击"绘制截面"按钮，选择 XOY 平面为草绘平面，绘制一个截面，如图 22-10 所示。

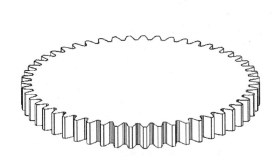

图 22-9 创建齿轮

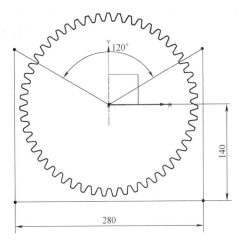

图 22-10 绘制截面草图

⑨ 在空白处单击鼠标右键，选择"完成草图"命令。在【拉伸】对话框中，在"方向"选项组中，"指定矢量"选择"ZC"，"开始"选择"值"，"距离"设为 0，"结束"选择"贯通"，"布尔"选择"求差"。

⑩ 单击"确定"按钮，创建扇形齿轮，如图 22-11 所示。

⑪ 再按图 22-12 所示的尺寸创建其他特征。

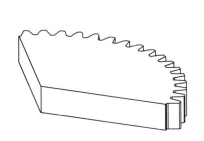

图 22-11 创建扇形齿轮

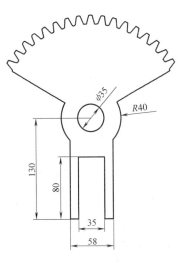

图 22-12 创建其他特征

⑫ 单击"保存"按钮🖫，保存文档。

4）按下列步骤创建带齿条的刀架（齿条的模数为 5mm）。

① 启动 NX12.0，单击"新建"按钮🗋，在【新建】对话框中，"名称"设为"刀架. prt"，"单位"选择"毫米"，选择"模型"模板。

② 单击"拉伸"按钮🗔，在【拉伸】对话框中，单击"绘制截面"按钮🗔，选择 ZY 平面为草绘平面，绘制一个截面，如图 22-13 所示。

③ 在空白处单击鼠标右键，选择"完成草图"命令，在【拉伸】对话框中，"指定矢量"选择"XC↑"🗔，"结束"选择"对称值"，"距离"为 245mm。

④ 单击"确定"按钮，创建拉伸特征，如图 22-14 所示。

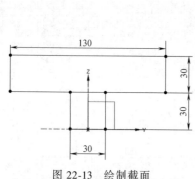

图 22-13　绘制截面

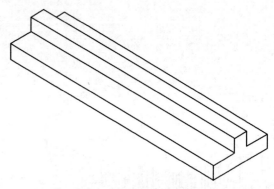

图 22-14　创建拉伸特征

⑤ 单击"拉伸"按钮🗔，在【拉伸】对话框中，单击"绘制截面"按钮🗔，选择 ZX 平面为草绘平面，绘制一个截面，如图 22-15 所示。

⑥ 选择标注为"7.8"的水平线（即齿条的中线），单击鼠标右键，在快捷菜单中选择"转化为参数"命令。

⑦ 在空白处单击鼠标右键，选择"完成草图"命令，在【拉伸】对话框中，"指定矢量"选择"YC"🗔，"结束"选择"对称值"，"距离"为 20mm，"布尔"选择🗔求差。

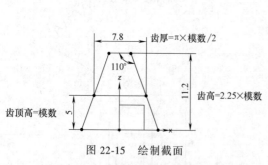

图 22-15　绘制截面

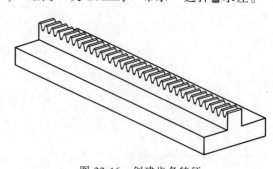

图 22-16　创建齿条特征

⑧ 单击"确定"按钮，创建齿条的第一个齿槽。

⑨ 选择"菜单|插入|关联复制|阵列特征"命令，在【阵列特征】对话框中，"布局"选择"线性"🗔，"指定矢量"选择"XC"🗔，"间距"选择"数量和节距"，"数量"为 16，"节距"为"pi( ) * 5"（"pi( )"指的是 π，"5"指的是模数）。勾选"对称"复

选框。

⓪ 单击 "确定" 按钮，创建齿条特征，如图 22-16 所示。

⓫ 单击 "保存" 按钮💾，保存文档。

5）创建新的装配文件，文件名为 "机床自动进给机构.prt"，如图 22-17 所示。

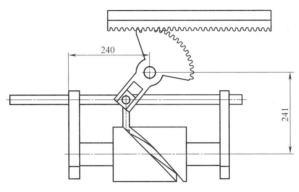

图 22-17　机床自动进给机构

22.2　创建仿真

1. 进入仿真环境

1）在横向菜单中单击 "应用模块" 选项卡，再单击 "运动" 按钮💠 运动。在 "运动导航器" 中选择 "机床自动进给机构"，单击鼠标右键，选择 "新建仿真" 命令，名称设为 "机床自动进给机构运动仿真.sim"。单击 "确定" 按钮，在【环境】对话框中，"分析类型" 选择 "◉动力学"，取消勾选 "新建仿真时启动运动副向导" 复选框。

2）单击 "确定" 按钮，进入仿真环境。

2. 定义连杆

单击 "连杆" 按钮🖍，设定两个支架（L001）为固定连杆，圆柱凸轮（L002）、滑杆（L003）、滑块（L004）、扇形齿轮（L005）和齿条（L006）为活动连杆。

3. 定义运动副

单击 "接头" 按钮🖍，将圆柱凸轮与支架之间设为旋转副，滑杆与支架之间为滑动副，滑块与滑杆之间为旋转副，滑块与扇形齿轮之间为滑动副，扇形齿轮为接地旋转副，齿条为接地滑动副，共有 6 个运动副。

扇形齿轮与齿条之间设为齿轮齿条副，"比率"（销半径）设为 "255/2"（齿轮的分度圆半径值）。

圆柱凸台与滑杆之间设为 3D 接触副，参数为默认值。

4. 创建驱动

1）在 "运动导航器" 中双击凸轮与支架之间的旋转副，在【运动副】对话框中切换到 "驱动" 选项卡，在 "旋转" 下拉列表框中选择 "多项式" 选项，"初位移" 设为 0°，"速度" 设为 45°/s，"加速度" 设为 0°/s^2。

2）单击 "确定" 按钮，完成驱动的添加。

5. 运动仿真

1）单击"解算方案"按钮，在【解算方案】对话框中的"时间"文本框中输入"16"，"步数"文本框中输入"200"，其他参数采用默认值，单击"确定"按钮。

2）单击"求解"按钮，再单击"动画"按钮，在【动画】对话框中，单击"播放"按钮▶，即可观察到该机构的仿真运动。

3）单击"保存"按钮，保存文档。

项目 ㉓

油泵机构

油泵机构简图如图 23-1 所示，主动盘 1 上标识了旋转符号，是主动件，泵体 4 是固定件。主动盘 1 安装在泵体 4 上，当主动盘 1 沿圆心 A 做旋转运动的时候，带动连杆 2 做上下往复运动，并由连杆 2 带动转动盘 3 沿圆心 C 左右旋转摆动（转动盘 3 也安装在泵体 4 上）。因此，主动盘 1 与连杆 2 构成旋转副，连杆 2 和转动盘 3 构成移动副，转动盘 3 和泵体 4 构成旋转副，主动盘 1 和泵体 4 构成旋转副。

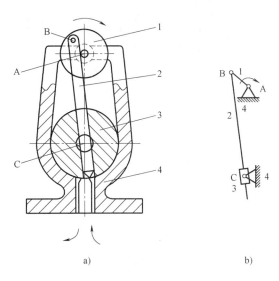

a)   b)

图 23-1 油泵机构简图

1—主动盘 2—连杆 3—转动盘 4—泵体

23.1 建模

1）启动 NX12.0，在"建模"模块下创建下列零件，零件图如图 23-2～图 23-5 所示。

2）在"装配"模板下，将上述 4 个零件进行装配，文件名为"油泵机构 .prt"，如图 23-6 所示。

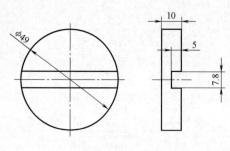

图 23-2　转动盘

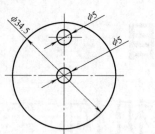
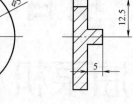

图 23-3　主动盘

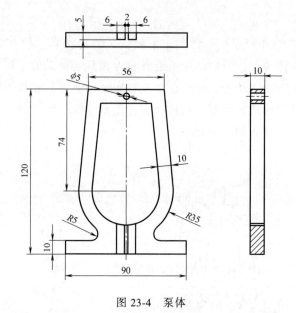

图 23-4　泵体

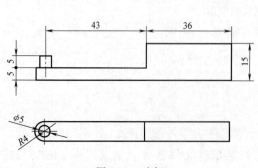

图 23-5　连杆

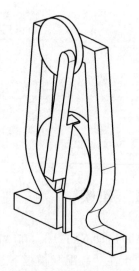

图 23-6　装配油泵机构

23.2 创建仿真

1. 进入仿真环境

1）在横向菜单中单击"应用模块"选项卡，再单击"运动"按钮 运动。在"运动导航器"中选择"油泵机构"，单击鼠标右键，选择"新建仿真"命令，名称为"yeyabeng.sim"。单击"确定"按钮，在【环境】对话框中，"分析类型"选择"◉动力学"，取消勾选"新建仿真时启动运动副向导"复选框。

2）单击"确定"按钮，进入仿真环境。

2. 定义连杆

单击"连杆"按钮，设定泵体为固定连杆，主动盘、转动盘和连杆为活动连杆。

3. 创建运动副

单击"运动副"按钮，将主动盘、转动盘设为接地旋转副，连杆与主动盘之间为相对旋转副，连杆与转动盘之间为相对滑动副，共有4个运动副。

4. 创建驱动

1）在"运动导航器"中双击主动盘的接地旋转副，在【运动副】对话框中，切换到"驱动"选项卡，在"旋转"下拉列表框中选择"恒定"选项，"初位移"设为0°，"速度"设为 $10°/s$，"加速度"设为 $0°/s^2$。

2）单击"确定"按钮，完成驱动的添加。

5. 运动仿真

1）单击"解算方案"按钮，在【解算方案】对话框中的"时间"文本框中输入"36"，"步数"文本框中输入"200"，其他参数采用默认值，单击"确定"按钮。

2）单击"求解"按钮，再单击"动画"按钮，在【动画】对话框中，单击"播放"按钮▶，即可观察到该机构的仿真运动。

3）单击"保存"按钮，保存文档。

项目 24

铲斗机构

铲车的铲斗机构是典型的平行双摇杆机构，如图 24-1 所示。

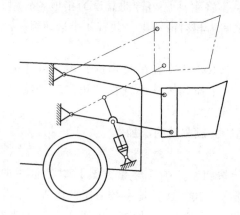

图 24-1　铲车的铲斗机构

24.1　建模

1）启动 NX12.0，在"建模"模块下创建下列零件，零件图如图 24-2~图 24-8 所示。

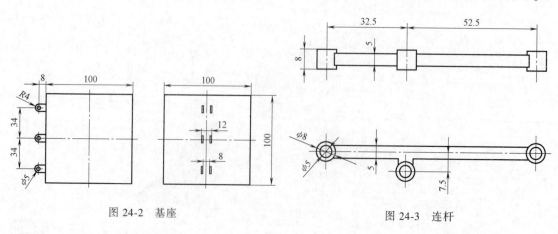

图 24-2　基座　　　　　　　　　　　图 24-3　连杆

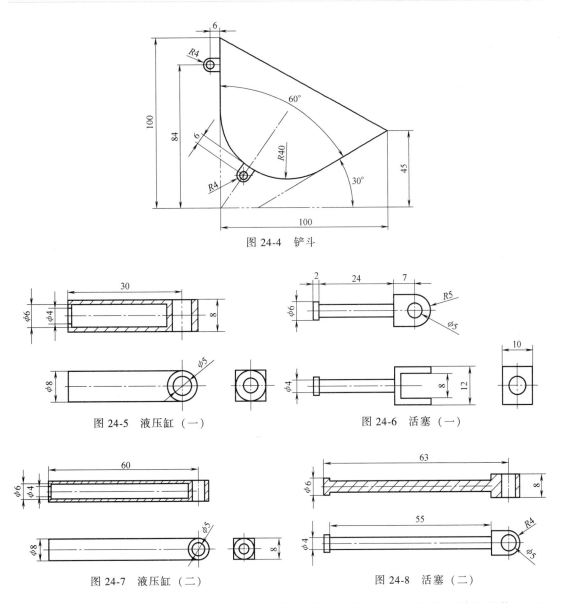

图 24-4 铲斗

图 24-5 液压缸（一）

图 24-6 活塞（一）

图 24-7 液压缸（二）

图 24-8 活塞（二）

2）在"装配"模板下，将上述 7 个零件装配成铲斗机构，文件名为"铲斗机构 .prt"，如图 24-9 所示。

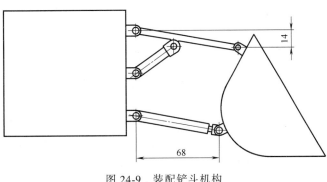

图 24-9 装配铲斗机构

24.2 创建仿真

1. 进入仿真环境

1）在横向菜单中单击"应用模块"选项卡，再单击"运动"按钮🏔️ 运动。在"运动导航器"中选择"铲斗机构"，单击鼠标右键，选择"新建仿真"命令，名称设为"cdjg. sim"。单击"确定"按钮，在【环境】对话框中，"分析类型"选择"◉动力学"，取消勾选"新建仿真时启动运动副向导"复选框。

2）单击"确定"按钮，进入仿真环境。

2. 定义连杆

单击"连杆"按钮🔲，设定基座为固定连杆，其他零件设定为活动连杆。

3. 创建运动副

单击"接头"按钮🚩，将液压缸（一）与活塞（一）之间设为相对滑动副，将液压缸（二）与活塞（二）之间设为相对滑动副（在设置以上两个相对滑动副时，应将活塞设为操作件，液压缸设为底数件。如果顺序搞反，则在创建驱动时，伸长方向也应相反，否则无法创建仿真运动），其他为旋转副，共有 8 个运动副。

4. 创建驱动（一）

1）在"运动导航器"中双击液压缸（一）与活塞（一）之间的滑动副，在【运动副】对话框中，切换到"驱动"选项卡，在"平移"下拉列表框中选择"函数"选项，"函数数据类型"选择"位移"，再单击"函数"栏的⬇️，选择"$f(x)$ 函数管理器"。

2）在【XY 函数管理器】对话框中，"函数属性"选择"◉数学"，"用途"选择"运动"，"函数类型"选择"时间"，单击✏️按钮。

3）在【XY 函数编辑器】对话框中，"插入"选择"运动函数"，在下拉列表框中双击"STEP(x, x0, h0, x1, h1)"，在"公式 ="文本框中输入"STEP(time, 8, 0, 15, 20) + STEP(time, 25, 0, 30, -20)"（表示在 0~8s 以前伸长距离为 0，8~15s 之间伸长距离为 20mm，15~25s 之间伸长距离为 0，25~30s 之间伸长距离为-20mm）。

4）单击 3 次"确定"按钮，完成驱动的添加。

5. 创建驱动（二）

1）在"运动导航器"中双击液压缸（二）与活塞（二）之间的滑动副，在【运动副】对话框中，切换到"驱动"选项卡，在"平移"下拉列表框中选择"函数"选项，"函数数据类型"选择"位移"，再单击"函数"栏的⬇️，选择"$f(x)$ 函数管理器"，如图 19-8 所示。

2）在【XY 函数管理器】对话框中，"函数属性"选择"◉数学"，"用途"选择"运动"，"函数类型"选择"时间"，单击✏️按钮，如图 19-9 所示。

3）在【XY 函数编辑器】对话框中，"插入"选择"运动函数"，在下拉列表框中双击"STEP(x, x0, h0, x1, h1)"，在"公式 ="文本框中输入"STEP(time, 0, 0, 5, 50) + STEP (time, 18, 0, 23, -42)+STEP(time, 25, 0, 30, -8)"（表示在 0s 以前伸长距离为 0，0~5s 之间伸长距离为 50mm，5~18s 之间伸长距离为 0，18~23s 之间伸长距离为-42mm，23~25s 之间伸长距离为 0，25~30s 之间伸长距离为-8mm）。

4）单击3次"确定"按钮，完成驱动的添加。

6. 运动仿真

1）单击"解算方案"按钮🖐，在【解算方案】对话框中的"时间"文本框中输入"30"，"步数"文本框中输入"300"，其他参数采用默认值，单击"确定"按钮。

2）单击"求解"按钮🧱，再单击"动画"按钮🗻，在【动画】对话框中，单击"播放"按钮▶，即可观察到该机构的仿真运动。

3）单击"保存"按钮💾，保存文档。

项目 25

飞机起落架机构

飞机起落架机构如图 25-1 所示。飞机降落时，直线 AB、BC 呈一条直线，起落架展开，如图中实线所示。飞机起飞后，直线 AB、BC 折叠，起落架收缩，如图中双点画线所示。

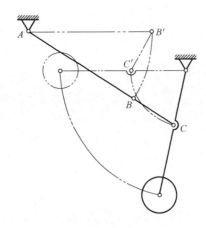

图 25-1 飞机起落架机构

25.1 建模

1）启动 NX12.0，在"建模"模块下创建下列零件，零件图如图 25-2～图 25-4 所示。

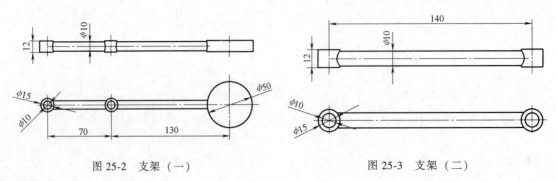

图 25-2 支架（一）   图 25-3 支架（二）

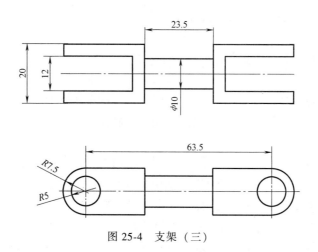

图 25-4 支架（三）

2）在"装配"模板下，将上述 3 个零件进行装配，文件名为"飞机起落架机构 .prt"，如图 25-5 所示。

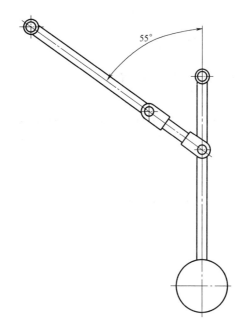

图 25-5 装配飞机起落架机构

25.2 创建仿真

1. 进入仿真环境

1）在横向菜单中单击"应用模块"选项卡，再单击"运动"按钮 🏠 运动。在"运动导航器"中选择"飞机起落架机构"，单击鼠标右键，选择"新建仿真"命令，名称设为"qlj.sim"。单击"确定"按钮，在【环境】对话框中，"分析类型"选择"⊙动力学"，取消勾选"新建仿真时启动运动副向导"复选框。

2）单击"确定"按钮，进入仿真环境。

2. 定义连杆

单击"连杆"按钮，设定三个零件为活动连杆。

3. 创建运动副

单击"接头"按钮，将支架（一）、支架（二）设为接地旋转副，支架（一）与支架（三）、支架（二）与支架（三）之间为相对旋转副，共有4个运动副。

4. 创建驱动

1）在"运动导航器"中双击支架（二）的接地旋转副，在【运动副】对话框中，切换到"驱动"选项卡，在"旋转"下拉列表框中选择"函数"选项，"函数数据类型"选择"位移"，再单击"函数"栏的，选择"$f(x)$函数管理器"。

2）在【XY函数管理器】对话框中，"函数属性"选择"数学"，"用途"选择"运动"，"函数类型"选择"时间"，单击按钮。

3）在【XY函数编辑器】对话框中，"插入"选择"运动函数"，在下拉列表框中双击"STEP(x, x0, h0, x1, h1)"，在"公式＝"文本框中输入"STEP(time, 0, 0, 20, -35)+STEP(time, 25, 0, 45, 35)"，"时间"单位选择"s"，"角位移"单位选择"°"，表示在0s以前旋转角度为0°，0~20s之间旋转角度为-35°，20~25s之间旋转角度为0°，25~45s之间旋转角度为35°。

4）单击3次"确定"按钮，完成驱动的添加。

5. 运动仿真

1）单击"解算方案"按钮，在【解算方案】对话框中的"时间"文本框中输入"45"，"步数"文本框中输入"300"，其他参数采用默认值，单击"确定"按钮。

2）单击"求解"按钮，再单击"动画"按钮，在【动画】对话框中，单击"播放"按钮▶，即可观察到该机构的仿真运动。

注意：如果不能生成仿真，请在空白处单击鼠标右键，选择"撤消"命令，然后双击支架（二）的旋转副，改变旋转方向。

3）单击"保存"按钮，保存文档。

项目 26

万向节机构

万向节机构主要用于输入轴与输出轴的轴心不在同一直线上的场合通过本项目的学习，读者可以了解万向节的结构、传动原理和运动仿真方法。

26.1　建模

1）启动 NX12.0，在"建模"模块下创建图 26-1 所示的零件。

2）单击"新建"按钮，选择"装配"模板，文件名为"万向节机构.prt"，在"装配"模板下，将上述零件组装成万向节机构，步骤如下：

① 选择"菜单｜插入｜基准/点｜基准平面"命令，创建 XOY、ZOX、ZOY 三个基准平面。

② 选择"菜单｜装配｜组件｜添加组件"命令，装配第一个组件，如图 26-2 所示。

③ 采用相同的方法，装配第二个组件，如图 26-3 所示。

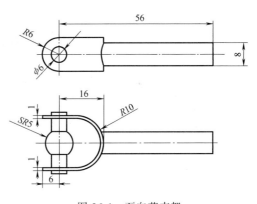

图 26-1　万向节支架

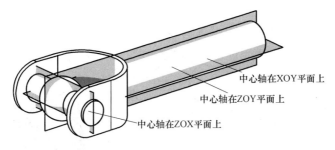

图 26-2　装配第一个组件

④ 在【装配约束】对话框中，"约束类型"区域中选择"接触对齐"按钮，"方位"选择"对齐"选项，参考图如图 3-10 所示。然后在工具条中单击"圆心"按钮，如图 26-4

145

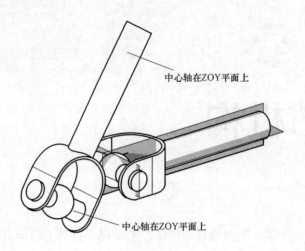

图 26-3　装配第二个组件

所示。

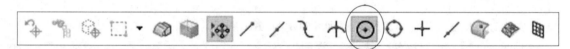

图 26-4　单击"圆心"按钮

⑤ 选择两个球的球心，则两个球心重合，如图 26-5 所示。

⑥ 在【装配约束】对话框"约束类型"区域中选择"角度"⊿，"子类型"选择"3D角"选项，然后选择两个零件的轴线，夹角设为135°，如图 26-6 所示。

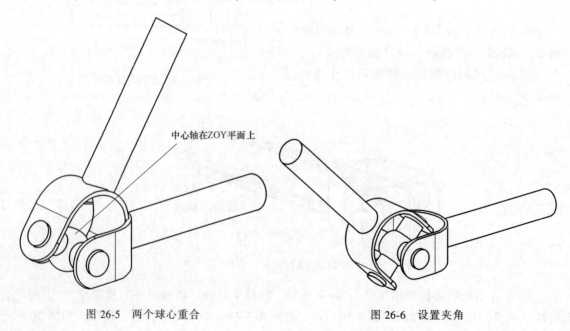

图 26-5　两个球心重合　　　　　　　　　图 26-6　设置夹角

26.2 创建仿真

1. 进入仿真环境

1）在横向菜单中单击"应用模块"选项卡，再单击"运动"按钮 运动。在"运动导航器"中选择"万向节机构"，单击鼠标右键，选择"新建仿真"命令，名称设为"wxj. sim"。单击"确定"按钮，在【环境】对话框中"分析类型"选择" 动力学"，取消勾选"新建仿真时启动运动副向导"复选框。

2）单击"确定"按钮，进入仿真环境。

2. 定义连杆

单击"连杆"按钮 ，分别设定两个零件为活动连杆。

3. 创建运动副

1）单击"接头"按钮 ，分别将两个零件设为接地旋转副，以零件的轴线为旋转轴。

2）单击"接头"按钮 ，在【运动副】对话框中，"类型"选择"万向节"选项，"操作"区域的"连杆"选择左边的零件，"指定原点"为两个零件相交球的球心，"指定矢量"为左边零件的轴线，"底数"区域的"连杆"选择右边的零件，"底数"区域的"指定矢量"选择右边的零件，如图 26-7 所示。

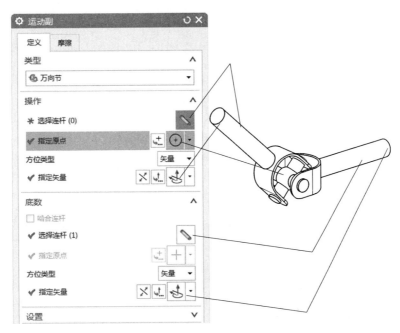

图 26-7 【运动副】对话框

4. 创建驱动

1）在"运动导航器"中双击右边零件的接地旋转副，在【运动副】对话框中，切换到"驱动"选项卡，在"旋转"下拉列表框中选择"多项式"选项，"初位移"设为 0°，"速度"设为 10°/s，"加速度"设为 0°/s^2。

2）单击"确定"按钮，完成驱动的添加。

5. 运动仿真

1）单击"解算方案"按钮🔧，在【解算方案】对话框中的"时间"文本框中输入"36"，"步数"文本框中输入"200"，其他参数采用默认值，单击"确定"按钮。

2）单击"求解"按钮▤，再单击"动画"按钮⛰，在【动画】对话框中，单击"播放"按钮▶，即可观察到该机构的仿真运动。

3）单击"保存"按钮💾，保存文档。

项目 27

汽车雨刷机构

　　汽车雨刷机构是一个典型的曲柄摇杆机构。其中与电动机轴相连的连杆是曲柄，可以做圆周运动；雨刷是摇杆，可以做来回摆动。通过本项目学习，读者可以了解汽车雨刷的结构、传动原理和运动仿真方法。

27.1　建模

　　1）启动 NX12.0，在"建模"模块下创建下列零件，零件图如图 27-1~图 27-3 所示。

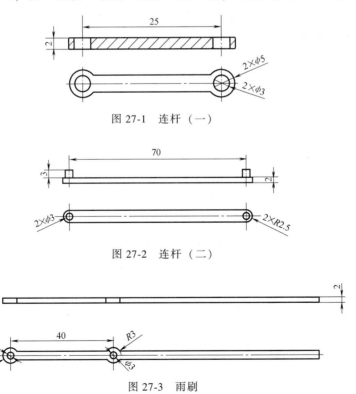

图 27-1　连杆（一）

图 27-2　连杆（二）

图 27-3　雨刷

　　2）单击"新建"按钮，创建一个装配文件，文件名为"雨刷机构 . prt"，在"装配"模板下，将上述 3 个零件组装成雨刷机构，如图 27-4 所示。

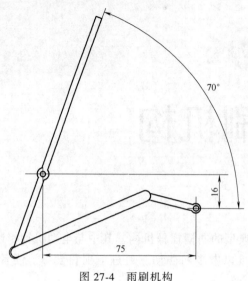

图 27-4　雨刷机构

27.2　创建仿真

1. 进入仿真环境

1）在横向菜单中单击"应用模块"选项卡，再单击"运动"按钮 运动。在"运动导航器"中选择"雨刷机构"，单击鼠标右键，选择"新建仿真"命令，名称设为"qcys. sim"。单击"确定"按钮，在【环境】对话框中，"分析类型"选择"⦿动力学"，取消勾选"新建仿真时启动运动副向导"复选框。

2）单击"确定"按钮，进入仿真环境。

2. 定义连杆

单击"连杆"按钮 ，设定连杆（一）、雨刷、连杆（二）为活动连杆。

3. 创建运动副

单击"接头"按钮 ，将连杆（一）、雨刷设为接地旋转副，连杆（一）与连杆（二）之间为旋转副，雨刷与连杆（二）之间为旋转副，共有 4 个旋转副。

4. 创建驱动

1）在"运动导航器"中双击连杆（一）的接地旋转副，在【运动副】对话框中切换到"驱动"选项卡，在"旋转"下拉列表框中选择"多项式"选项，"初位移"设为 0°，"速度"设为 10°/s，"加速度"设为 0°/s²。

2）单击"确定"按钮，完成驱动的添加。

5. 运动仿真

1）单击"解算方案"按钮 ，在【解算方案】对话框中的"时间"文本框中输入"36"，"步数"文本框中输入"200"，其他参数采用默认值，单击"确定"按钮。

2）单击"求解"按钮 ，再单击"动画"按钮 ，在【动画】对话框中，单击"播放"按钮 ▶，即可观察到该机构的仿真运动。

3）单击"保存"按钮 ，保存文档。

公共汽车门启闭机构

公共汽车门启闭机构是典型的反向双曲柄机构，该机构能使两扇车门同时开启或关闭，如图 28-1 所示。图中实线是开门前的状态，双点画线是开门后的状态。

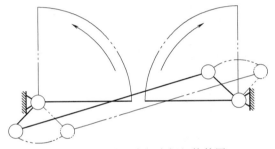

图 28-1 公共汽车门启闭机构简图

28.1 建模

1）启动 NX12.0，在"建模"模块下创建下列零件，零件图如图 28-2~图 28-4 所示。

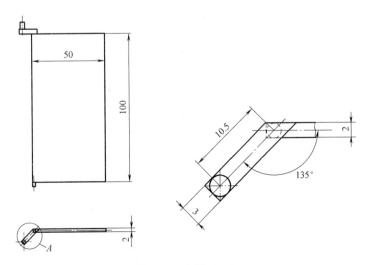

图 28-2 车门（一）

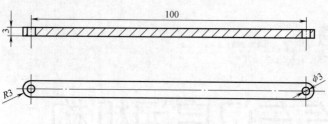

图 28-3　车门连杆

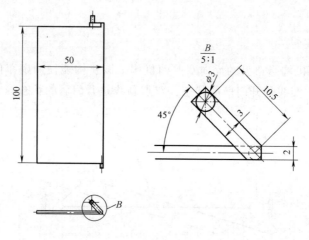

图 28-4　车门（二）

2）在"装配"模板下，将上述 3 个零件组装成公共汽车门启闭机构，"名称"设为"车门启闭机构 . prt"，如图 28-5 所示。

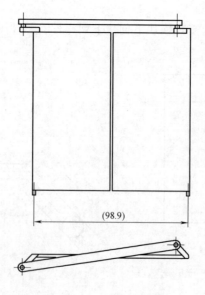

图 28-5　车门启闭机构

28.2 创建仿真

1. 进入仿真环境

1）在横向菜单中单击"应用模块"选项卡，再单击"运动"按钮 运动。在"运动导航器"中选择"车门启闭机构"，单击鼠标右键，选择"新建仿真"命令，名称设为"cmqbjg. sim"。单击"确定"按钮，在【环境】对话框中，"分析类型"选择"动力学"，取消勾选"新建仿真时启动运动副向导"复选框。

2）单击"确定"按钮，进入仿真环境。

2. 定义连杆

单击"连杆"按钮 ，设定车门（一）、车门（二）和车门连杆为活动连杆。

3. 创建运动副

单击"接头"按钮 ，将车门（一）设为逆时针接地旋转副，车门（二）设为顺时针接地旋转副，车门（一）与车门连杆之间为相对旋转副，车门（一）与车门连杆之间为相对旋转副，共有4个旋转副。

4. 创建驱动

1）在"运动导航器"中双击车门（一）的接地旋转副，在【运动副】对话框中切换到"驱动"选项卡，在"旋转"下拉列表框中选择"函数"选项，"函数数据类型"选择"位移"，再单击"函数"栏的 ，选择"$f(x)$ 函数管理器"。

2）在【XY 函数管理器】对话框中，"函数属性"选择"数学"，"用途"选择"运动"，"函数类型"选择"时间"，单击 按钮。

3）在【XY 函数编辑器】对话框中，"插入"选择"运动函数"，在下拉列表框中双击"STEP(x, x0, h0, x1, h1)"，在"公式 ="文本框中输入"STEP(time, 0, 0, 10, 90)+STEP(time, 12, 0, 22, -90)"，"时间"单位选择"s"，"角位移"单位选择"°"，表示在 0s 以前旋转角度为 0，0~10s 之间旋转角度为 90°，10~12s 之间旋转角度为 0°，12~22s 之间旋转角度为 -90°。

4）单击 3 次"确定"按钮，完成驱动的添加。

5. 运动仿真

1）单击"解算方案"按钮 ，在【解算方案】对话框中的"时间"文本框中输入"22"，"步数"文本框中输入"300"，其他参数采用默认值，单击"确定"按钮。

2）单击"求解"按钮 ，再单击"动画"按钮 ，在【动画】对话框中，单击"播放"按钮 ，即可观察到该机构的仿真运动。如果不能建立仿真，请检查车门（一）是否为主动门，旋转方向是否为逆时针方向。

3）单击"保存"按钮 ，保存文档。

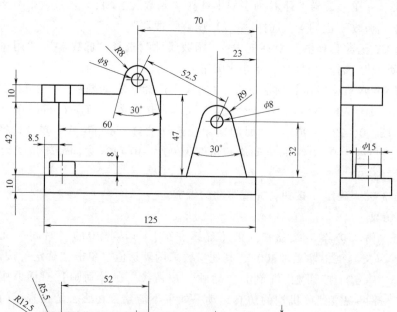

项目 29

齿轮-凸轮联合压力机机构

本项目通过对齿轮-凸轮联合压力机的建模和装配，介绍齿轮、凸轮等常用零件的建模方法和装配方法，以及"齿轮副""线在线上副"等运动副的定义方法。

29.1 建模

1）启动 NX12.0，在"建模"模块下创建下列零件，零件图如图 29-1~图 29-10 所示。

图 29-1 支架

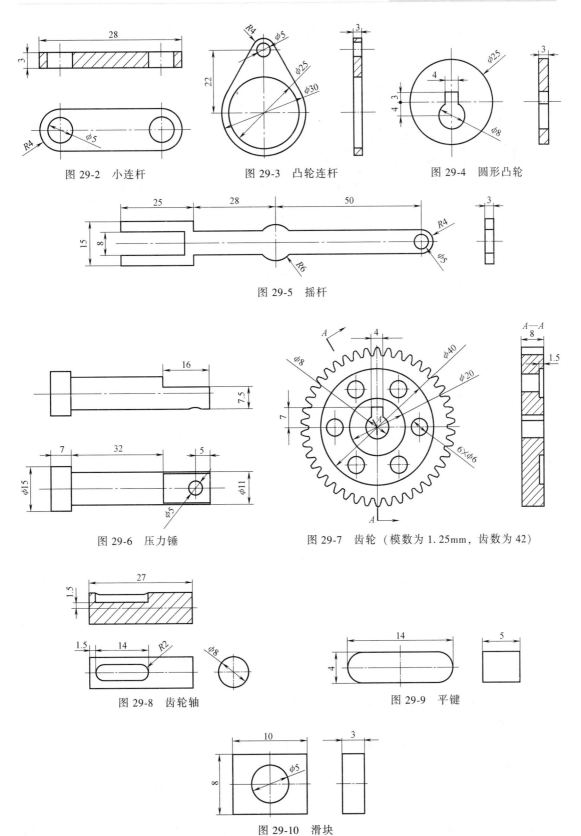

图 29-2　小连杆

图 29-3　凸轮连杆

图 29-4　圆形凸轮

图 29-5　摇杆

图 29-6　压力锤

图 29-7　齿轮（模数为 1.25mm，齿数为 42）

图 29-8　齿轮轴

图 29-9　平键

图 29-10　滑块

2) 创建新的装配文件,文件名为"压力机机构.prt",如图 29-11 所示。

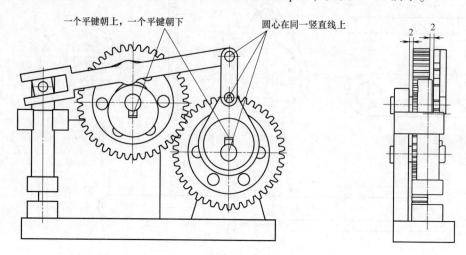

图 29-11　压力机机构

29.2　创建仿真

1. 进入仿真环境

1) 在横向菜单中单击"应用模块"选项卡,再单击"运动"按钮 运动。在"运动导航器"中选择"压力机机构",单击鼠标右键,选择"新建仿真"命令,名称设为"ylj.sim"。单击"确定"按钮,在【环境】对话框中,"分析类型"选择"● 动力学",取消勾选"新建仿真时启动运动副向导"复选框。

2) 单击"确定"按钮,进入仿真环境。

2. 定义连杆

单击"连杆"按钮,设定支架(L001)为固定连杆,右下角的齿轮、齿轮轴、平键和圆形凸轮为活动连杆(L002),左上角的齿轮、齿轮轴、平键和圆形凸轮为活动连杆(L003),凸轮连杆(L004)、连杆(L005)、滑杆(L006)、滑块(L007)和压力锤(L008)为活动连杆。

3. 创建运动副

1) 单击"接头"按钮,右下角的齿轮(主动轮)与支架之间设为相对旋转副,左上角的齿轮(从动轮)与支架之间设为相对旋转副,圆形凸轮与凸轮连杆之间为相对旋转副,凸轮连杆与小连杆之间为相对旋转副,小连杆设为接地滑动副(上、下滑动),小连杆与摇杆之间设为相对旋转副,摇杆与滑块之间设为相对滑动副,滑块与压力锤之间为相对旋转副,压力锤设为接地滑动副,共有9个运动副。

2) 主动齿轮与从动齿轮之间设为"齿轮副","显示比例"设为1/1(两个齿轮分度圆半径的比值)。

3) 摇杆与从动轮的圆形凸轮之间设为"线在线上副",其他参数为默认值。

4. 创建驱动

1) 在"运动导航器"中双击"J002"(主动齿轮与支架之间的旋转副),在【运动副】

对话框中，切换到"驱动"选项卡，在"旋转"下拉列表框中选择"恒定"选项，"初位移"设为 $0°$，"速度"设为 $10°/s$，"加速度"设为 $0°/s^2$。

2）单击"确定"按钮，完成驱动的添加。

5. 运动仿真

1）单击"解算方案"按钮，在【解算方案】对话框中的"时间"文本框中输入"36"，"步数"文本框中输入"200"，其他参数采用默认值，单击"确定"按钮。

2）单击"求解"按钮，再单击"动画"按钮，在【动画】对话框中，单击"播放"按钮▶，即可观察到该机构的仿真运动。

3）单击"保存"按钮，保存文档。

项目 30

简单机械手机构

机械手是常见的一种传动机构。本项目通过一个简单的实例，介绍机械手结构的运动仿真。

30.1 建模

1）启动 NX12.0，创建下列零件，零件图如图 30-1～图 30-4 所示。

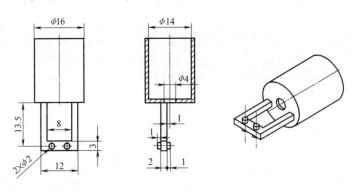

图 30-1 液压缸

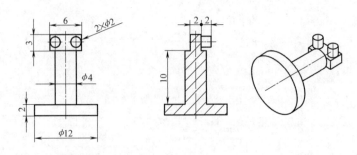

图 30-2 活塞

2）在"装配"模块下装配上述零件，名称为"机械手机构 . prt"，如图 30-5 所示。

3）因为部分计算机上的设置不相同，装配后的两个手爪交叉在一起，如图 30-6 所示。

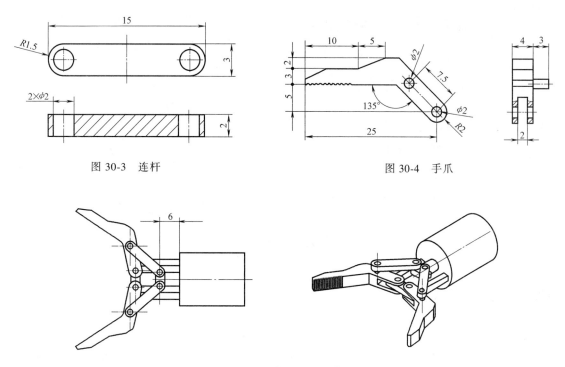

图 30-3 连杆　　　　　　　　　　　　图 30-4 手爪

图 30-5 装配后的实体

4）如果发生上述情形，请单击"撤消"按钮🔄，撤消上一步的操作后，在屏幕左边的"装配导航器"中选中装配不正确的零件，单击鼠标右键，在快捷菜单中选择"装配约束"命令，如图 30-7 所示。

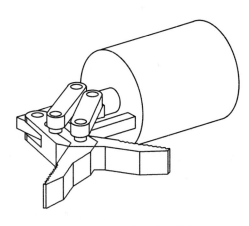

图 30-6 不正确的装配结构　　　　　　　　图 30-7 选择"装配约束"

5）在【装配约束】对话框中，"类型"选择"角度"，"子类型"选择"3D 角"，选择手爪上的边线 1 和液压缸上的边线 2，并拖动液压缸上的控制手柄，将零件拖到合适的位置，如图 30-8 所示。

6）再将连杆装配上，装配效果如图 30-5 所示。

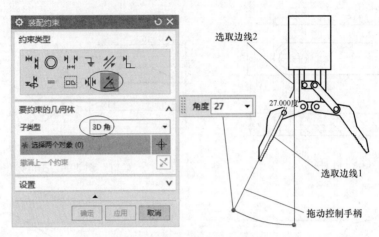

图 30-8　将手爪拖到合适的位置

30.2　创建仿真

1. 进入仿真环境

1）在横向菜单中单击"应用模块"选项卡，再单击"运动"按钮 🔩 运动。在"运动导航器"中选择"机械手机构"，单击鼠标右键，选择"新建仿真"命令，名称设为"机械手机构运动仿真.sim"。单击"确定"按钮，在【环境】对话框中，"分析类型"选择"◉动力学"，取消勾选"新建仿真时启动运动副向导"复选框。

2）单击"确定"按钮，进入仿真环境。

2. 定义连杆

单击"连杆"按钮 🖉，设定液压缸为固定连杆 L001，活塞、两个连杆、两个手爪分别为活动连杆 L002、L003、L004、L005、L006。

3. 创建运动副

单击"接头"按钮 🏳，将活塞设为接地滑动副，其余连杆设为相对旋转副，共有 1 个接地滑动副和 6 个相对旋转副。

4. 创建驱动

在"运动导航器"中双击活塞的接地滑动副，在【运动副】对话框中，切换到"驱动"选项卡，在"多项式"下拉列表框中选择"恒定"选项，"初位移"设为 0mm，"速度"设为 1mm/s，"加速度"设为 0mm/s^2。单击"确定"按钮，完成驱动的添加。

5. 运动仿真

1）单击"解算方案"按钮 🏳，在【解算方案】对话框中的"时间"文本框中输入"4"，"步数"文本框中输入"200"，其他参数采用默认值，单击"确定"按钮。

2）单击"求解"按钮 ▤，再单击"动画"按钮 🐦，在【动画】对话框中，单击"播放"按钮 ▶，即可观察到该机构的手爪在运动中交叉在一起，如图 30-9 所示。

3）在工作区单击鼠标右键，选择"撤消"命令，在横向菜单中单击"应用模块"选项卡，再单击"运动"按钮。

4）在快捷工具栏中单击"3D 接触"按钮，选择手爪 1 为操作体，手爪 2 为基座体，

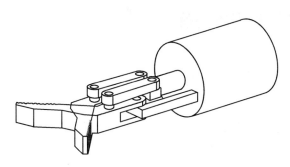

图 30-9   手爪交叉在一起

在【3D 接触】对话框中，其他参数为默认值，再单击"确定"按钮。

5）在横向菜单中单击"分析"选项卡，再单击"干涉"按钮，如图 30-10 所示。

图 30-10   单击"干涉"按钮

6）在【干涉】对话框中勾选"事件发生时停止"和"激活"复选框，选择手爪 1 为第一组，选择手爪 2 为第二组，如图 30-11 所示。

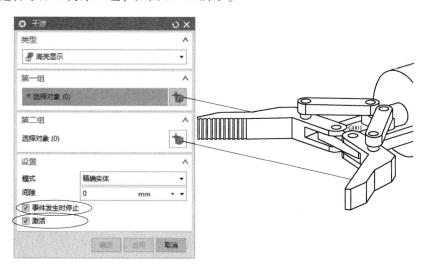

图 30-11   【干涉】对话框

7）单击"求解"按钮▤，再单击"动画"按钮▲，在【动画】对话框中勾选"事件发生时停止"和"干涉"复选框，如图 30-12 所示。

8）单击"播放"按钮▶，即可观察到该机构的手爪在运动中碰撞在一起后即停止运动，如图 30-13 所示。

9）单击"保存"按钮▤，保存文档。

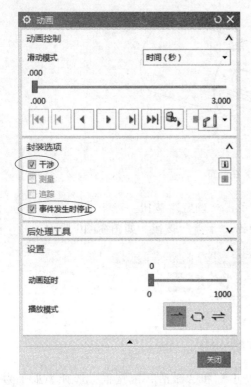

图 30-12 【动画】对话框

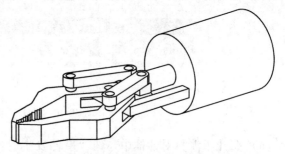

图 30-13 手爪碰撞在一起后停止运动

項目 **31**

压力机和机械手综合机构

本项目通过设定压力机和机械手的工作周期，使两者实现联合运动，模拟实际生产过程。

31.1 建模

1）启动 NX12.0，在"建模"模块下创建下列零件，零件图如图 31-1 和图 31-2 所示。

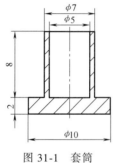

图 31-1 套筒

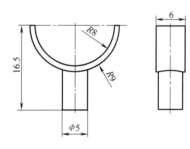

图 31-2 托架

2）创建一个 $\phi20mm \times 20mm$ 的圆柱体，文件名为"工件.prt"，实体如图 31-3 所示。

3）创建新的装配文件，文件名为"立式托架.prt"，将上述两个零件组装成一个部件，装配效果如图 31-4 所示。

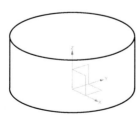

图 31-3 创建工件

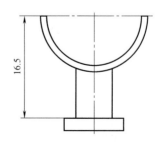

图 31-4 立式托架装配效果

4）将项目 29 和项目 30 中的 NX 文档全部复制到本项目的目录中。

5）创建新的装配文件，文件名为"综合机构.prt"，将图 31-4 所示的"立式托架"、项目 30 中的机械手组件、项目 29 中的压力机组件进行装配，装配效果如图 31-5 所示。

注意：在装配时，只需把已经装配好的组件作为一个整体进行装配即可，无须将所有的零件重新装配。

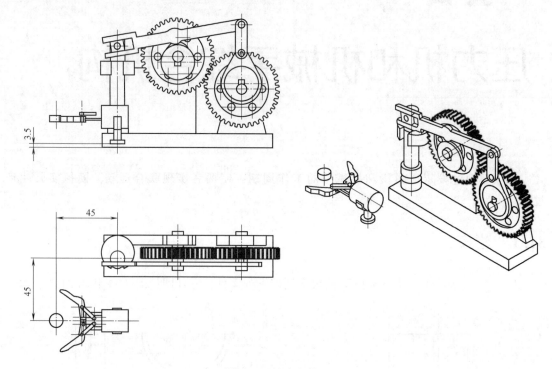

图 31-5　综合机构

31.2　创建仿真

1. 进入仿真环境

1）在横向菜单中单击"应用模块"选项卡，再单击"运动"按钮 ⚘ 运动。在"运动导航器"中选择"综合机构"，单击鼠标右键，选择"新建仿真"命令，名称设为"zhjg.sim"。单击"确定"按钮，在【环境】对话框中，"分析类型"选择"◉动力学"，取消勾选"新建仿真时启动运动副向导"复选框。

2）单击"确定"按钮，进入仿真环境。

2. 定义辅助线

1）选择"菜单|插入|曲线|直线"命令，在工具条中选择"整个装配"，如图 31-6 所示。

图 31-6　选择"整个装配"

2）通过工件的圆心，沿 Z 轴方向创建一条竖直线，如图 31-7 所示。

3. 定义连杆

图 31-1 所示的套筒为一个连杆，图 31-2 所示的托架以及其上面的缸体为一个连杆，工件为一个连杆，图 31-7 所示创建的直线为一个连杆，机械手上有 6 个连杆，压力机上有 8 个连杆，总共有 17 个连杆。

4. 创建运动副

一共有 22 个运动副，还有一个"齿轮副"和一个"线在线上副"，创建方法与前文相似。其中，图 31-1 所示的套筒为

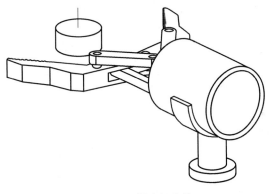

图 31-7　创建竖直线

绝对滑动副，运动方向为 Z 方向；机械手的缸体和图 31-2 所示的托架组成一个连杆与图 31-1 所示的套筒之间为相对旋转副；辅助直线设为沿竖直的方向绝对滑动副（选择直线前，应在图 31-6 中的工具条中设为"曲线"）；工件设为旋转副（工件的旋转中心为托架的中心，旋转副的基座为直线），如图 31-8 所示。

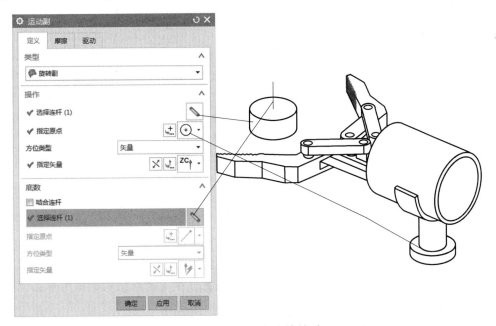

图 31-8　定义工件为旋转副

5. 创建主动轮的驱动

1）在"运动导航器"中双击主动轮与支架之间的旋转副，在【运动副】对话框中，切换到"驱动"选项卡，在"旋转"下拉列表框中选择"多项式"选项，"初位移"设为 0°，"初速度"设为 30°/s，"加速度"设为 0°/s^2。

2）单击"确定"按钮，创建主动轮的驱动。

6. 创建其他驱动

（1）创建套筒的驱动

1）在"运动导航器"中双击图31-1所示套筒的滑动副，在【运动副】对话框中切换到"驱动"选项卡，在"旋转"下拉列表框中选择"函数"选项，"函数数据类型"选择"位移"，再单击"函数"栏的 ⬇ ，选择"$f(x)$ 函数管理器"，如图19-8所示。

2）在【XY 函数管理器】对话框中，"函数属性"选择"◉数学"，"用途"选择"运动"，"函数类型"选择"时间"，单击 ⟋ 按钮，如图19-9所示。

3）在【XY 函数编辑器】对话框中，"插入"选择"运动函数"，在下拉列表框中双击"STEP（x，x0，h0，x1，h1）"，在"公式 ="文本框中输入"STEP（time，2，0，5，6）+STEP（time，7，0，8，-6）+STEP（time，15，0，16，6）+STEP（time，23，0，24，-6）"（表示在 0~2s 之间套筒的高度没有变化，2~5s 之间套筒提升 6mm，在 5~7s 之间套筒的高度没有变化，7~8s 之间套筒下降 6mm，在 8~15s 之间套筒的高度没有变化，15~16s 之间套筒提升 6mm，在 16~23s 之间套筒的高度没有变化，23~24s 之间套筒下降 6mm），"时间"单位选择"s"，"位移"单位选择"mm"，参考图19-10所示。单击 3 次"确定"按钮，设定套筒的运动驱动。

（2）创建托架的驱动　在"运动导航器"中双击机械手的缸体和图31-2所示套筒的旋转副，输入运动函数："STEP（time，5，0，6，90）+STEP（time，18，0，19，90）+STEP（time，20，0，24，180）"，时间单位选择"s"，"角位移"的单位选择"°"。

（3）创建机械手的驱动　在"运动导航器"中双击活塞与液压缸之间的滑动副，输入运动函数："STEP（time，0，0，2，3）+STEP（time，8，0，9，-3）+STEP（time，14，0，15，3）+STEP（time，20，0，21，-3）"，"时间"单位选择"s"，"位移"单位选择"mm"。

（4）创建辅助线的驱动　在"运动导航器"中双击辅助直线的绝对滑动副，输入运动函数："STEP（time，2，0，5，6）+STEP（time，7，0，8，-6）+STEP（time，15，0，16，6）+STEP（time，20，0，21，-30）"，"时间"单位选择"s"，"位移"单位选择"mm"。

（5）创建工件旋转的驱动　在"运动导航器"中双击工件的旋转副，输入运动函数："STEP（time，5，0，6，90）+STEP（time，18，0，19，90）"，时间单位选择"s"，"角位移"的单位选择"°"。

7. 运动仿真

1）单击"解算方案"按钮 ▱ ，在【解算方案】对话框中，"时间"文本框中输入"36"，"步数"文本框中输入"200"，其他参数采用默认值，单击"确定"按钮。

2）单击"求解"按钮 ▤ ，再单击"动画"按钮 ⛰ ，在【动画】对话框中单击"播放"按钮 ► ，即可观察到该机构的仿真运动。

注意：如果不能创建仿真，则应调整活塞的滑动方向。

3）为保持仿真机构的界面简洁，可选择"菜单｜格式｜移动至图层"命令，将所有的实体移至第10层，再选择"菜单｜格式｜图层设置"命令，将第1层关闭。

4）单击"保存"按钮 ▯ ，保存文档。

项目 32

滑梯玩具车

玩具车行驶在不平整的路面上，同时滑梯上的小球也在滑道中滚动，车后端的六棱柱也一起旋转，当小车走完所有路程后，小球也同时下滑到滑道底端。

32.1　建模

1）启动 NX12.0，在"建模"模块下创建下列零件，零件图如图 32-1~图 32-8 所示。

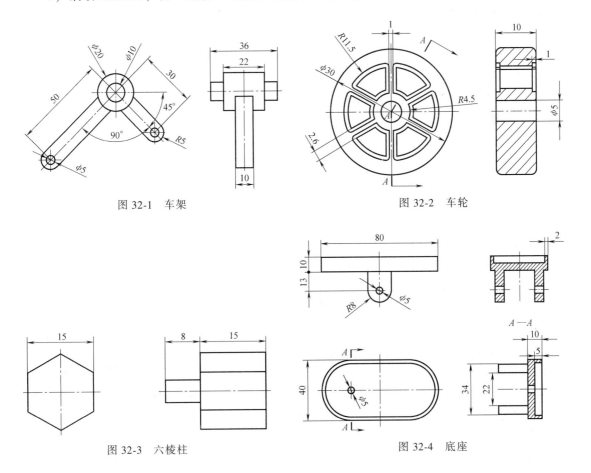

图 32-1　车架　　　　　　　　　　　图 32-2　车轮

图 32-3　六棱柱　　　　　　　　　　图 32-4　底座

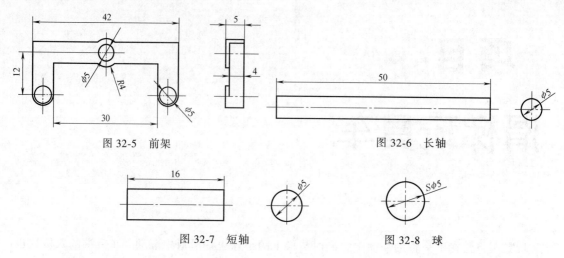

图 32-5　前架　　　　　　　　　　　图 32-6　长轴

图 32-7　短轴　　　　　　　　　图 32-8　球

2）创建"滑梯"文档，步骤如下：

① 启动 NX12.0，单击"新建"按钮，选择"建模"模板，文件名为"滑梯.prt"。

② 选择"菜单｜插入｜曲线｜螺旋线"命令，在【螺旋线】对话框中，"类型"选择"沿矢量"，"方向"选择"动态坐标系"，"角度"设为 90°，"大小"选择"◉直径"，"规律类型"选择"恒定"，"值"设为 28mm，"螺距"设为 15mm，"方法"选择"圈数"，"圈数"设为 2.5，"旋转方向"选择"左手"，如图 32-9 所示。

③ 在动态输入框中输入螺旋曲线的中心点（0，0，0），单击"确定"按钮，创建左旋螺旋线，如图 32-10 所示。

④ 采用相同的方法，输入第二条螺旋线的中心点（-10，0，45），"旋转方向"选择"右手"，创建第二条右旋螺旋线，如图 32-10 所示。

⑤ 选择"菜单｜插入｜派生曲线｜桥接"命令，选择第一条曲线的端点，再选择第二条曲线的端点，创建一条曲线，将两条曲线连接起来，并与两条曲线相切，如图 32-11 所示。

⑥ 选择"菜单｜插入｜基准/点｜基准平面"命令，在【基准平面】对话框中，"类型"选择"点和方向"，"指定点"选择"端点"按钮，选择第二条螺旋曲线的端点，创建一个基准平面，如图 32-12 所示。

⑦ 选择"菜单｜插入｜草图"命令，以刚才创建的基准平面为草绘平面，X 轴为水平参考，进入草绘环境。

图 32-9　【螺旋线】对话框

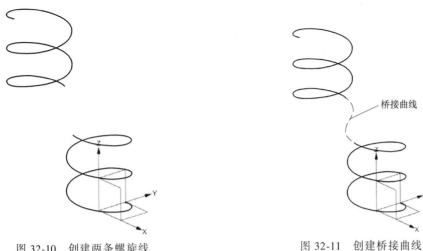

图 32-10 创建两条螺旋线

图 32-11 创建桥接曲线

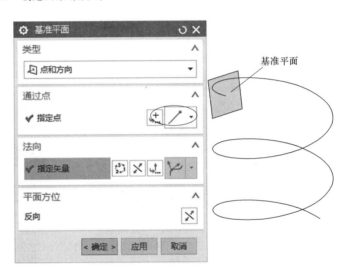

图 32-12 创建基准平面

⑧ 选择"菜单 | 插入 | 草图曲线 | 圆弧"命令,在【圆弧】对话框中,单击"以中心和端点定圆弧"按钮,如图 32-13 所示。

⑨ 以第二条螺旋曲线的端点为圆心、3mm 为半径,绘制一个半圆,如图 32-14 所示。在空白处单击鼠标右键,选择"完成草图"命令。

图 32-13 【圆弧】对话框

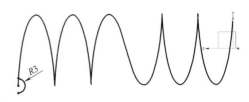

图 32-14 绘制半圆

⑩ 选择"菜单 | 插入 | 扫掠 | 扫掠"命令,选择 R3mm 的半圆为截面曲线,螺旋线为引导曲线,在【扫掠】对话框中,"方向"选择"强制方向","指定矢量"选择"ZC" ^{zc},

创建扫掠曲面，如图 32-15 所示。

⑪ 选择"菜单|插入|偏置/缩放|加厚"命令，在【加厚】对话框中，"偏置 1"设为 0.2mm，单击"确定"按钮，将曲面加厚成实体（注意：往外偏置）。

⑫ 选择"菜单|插入|基准/点|基准平面"命令，在【基准平面】对话框中，"类型"选择"XC-YC 平面"，"偏置和参考"选择"⊙WCS"，单击"确定"按钮，创建 XOY 平面，如图 32-16 所示。

⑬ 采用相同的方法，创建 ZOX、ZOY 平面，如图 32-16 所示。

注意：XOY 平面、ZOX 平面、ZOY 平面用于装配时的定位。

⑭ 单击"保存"按钮📁，保存滑道文档。

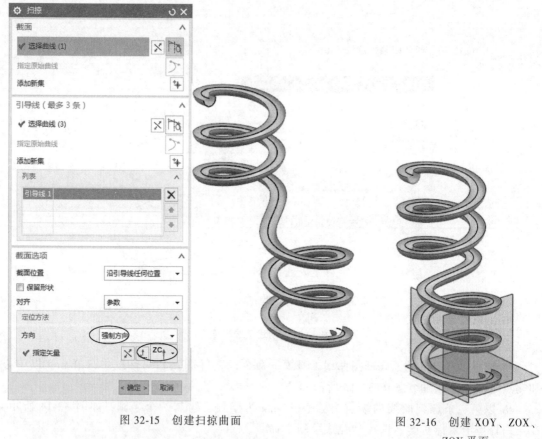

图 32-15　创建扫掠曲面

图 32-16　创建 XOY、ZOX、ZOY 平面

3）创建"道路"文档，步骤如下：

① 单击"新建"按钮📄，文件名为"道路"，选择"建模"模块。

② 选择"菜单|插入|草图"命令，以 ZOX 平面为草绘平面，绘制一条不平整的曲线，曲线的头、尾是长度为 100mm 的直线，中间部分是艺术样条曲线（样条的弯曲度不能太大，否则不能进行运动仿真），如图 32-17 所示。在空白处单击鼠标右键，选择"完成草图"命令。

③ 单击"拉伸"按钮📦，选择刚才创建的曲线，"指定矢量"选择"YC"📐，拉伸距

离为 100mm，创建一个曲面（即道路），如图 32-18 所示。

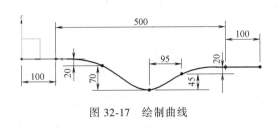

图 32-17　绘制曲线

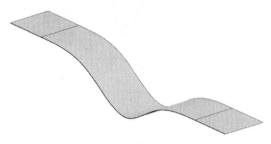

图 32-18　创建曲面

4）创建新的装配文件，文件名为"滑梯玩具车 . prt"，装配后如图 32-19 所示。

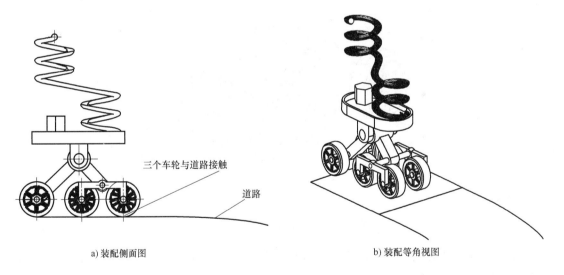

a) 装配侧面图　　　　　　　　　　　　　　　　b) 装配等角视图

图 32-19　滑梯玩具车装配图

5）创建辅助线，步骤如下：

① 选择"菜单 | 插入 | 基准/点 | 基准平面"命令，在工作区上方的工具条中选择"整个装配"，如图 32-20 所示。

② 在【基准平面】对话框中，"类型"选择"二等分"，选择后轮的两个侧面，在后轮

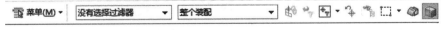

图 32-20　选择"整个装配"

的两个侧面的中间创建一个基准平面，如图 32-21 所示。

③ 采用相同的方法，在前轮的两个侧面中间创建一个基准平面，如图 32-21 所示。

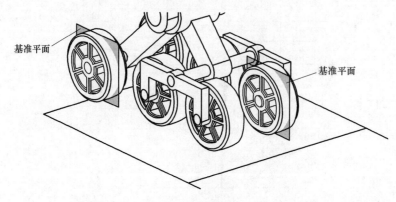

图 32-21　创建后轮和前轮中间的基准平面

④ 选择"菜单 | 插入 | 派生曲线 | 相交"命令，在工作区上方的工具条中选择"整个装配"，如图 32-20 所示。

⑤ 选择后轮的基准平面和后轮的外圆柱面，创建一条相交曲线，如图 32-22 所示。

⑥ 采用相同的方法，创建前轮的相交曲线和中轮的相交线，如图 32-22 所示。

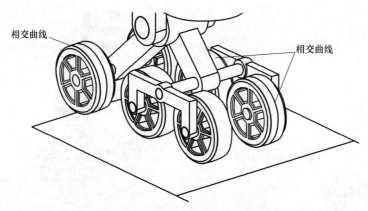

图 32-22　创建与车轮的相交曲线

⑦ 采用相同的方法，创建后轮基准曲面与道路的相交线，以及前轮基准曲面与道路的相交线（中轮与前轮共用同一条相交线），如图 32-23 所示。

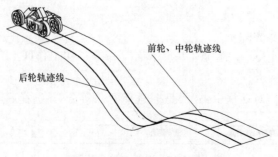

图 32-23　创建与道路的相交曲线

⑧ 选择"菜单 | 插入 | 草图"命令，以底座的底面为草绘平面，绘制一条水平线（长度为 100mm），如图 32-24 所示。

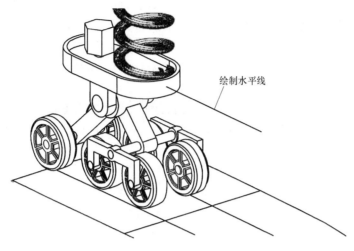

图 32-24　绘制水平线

32. 2　创建仿真

1. 进入仿真环境

1）在横向菜单中单击"应用模块"选项卡，再单击"运动"按钮 运动。在"运动导航器"中选择"滑梯玩具车"，单击鼠标右键，选择"新建仿真"命令，名称设为"htwjc.sim"。单击"确定"按钮，在【环境】对话框中"分析类型"选择"◉动力学"，取消勾选"新建仿真时启动运动副向导"复选框。

2）单击"确定"按钮，进入仿真环境。

2. 定义连杆

1）单击"连杆"按钮 ，在【连杆】对话框中勾选"无运动副固定连杆"复选框，在工作区上方的工具条中选择"曲线"和"整个装配"，如图 32-25 所示。

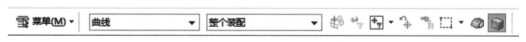

图 32-25　选择"曲线"和"整个装配"

2）选择后轮的轨迹线（3 段曲线都要选择），在【连杆】对话框中，"质量属性选项"选择"用户定义"，"质心"选择"自动判断的点 "选项，再选择该曲线上的端点，"质量"I_{xx}、I_{yy}、I_{zz} 设为 1，再单击"确定"按钮，设定固定连杆（L001）。

3）采用相同的方法，设定前轮轨迹交线为固定连杆（L002）。

4）在图 32-25 中选择"实体"和"整个装配"，在【连杆】对话框中，取消勾选"无运动副固定连杆"复选框，"质量属性选项"选择"自动"，分别设定六棱柱为 L003；球为 L004；两个前轮以及前轮上的曲线为 L005；两个中轮以及中轮上的交线为 L006；两个后轮以及后轮上的曲线、后轮的长轴为 L007；前架及前架上的长轴、4 支短轴为 L008；车架为

L009；底座、两条螺旋线以及桥接曲线为L0010；水平线为L011，以上都为活动连杆。

3. 创建运动副

图32-24所示的水平线为绝对滑动副J001，滑动方向为水平方向；底座以及螺旋线、滑梯为相对滑动副J002（底数连杆为水平线），滑动方向为竖直方向（底座具有两个方向的滑动）；六棱柱与底座之间为相对旋转副J003；车架与底座之间为相对旋转副J004；前架与车架之间为相对旋转副J005；前轮与前架之间为相对旋转副J006；中轮与前架之间为相对旋转副J007；后轮与车架之间为相对旋转副J008。

小球与曲线之间为"点在线上副"，前轮上的曲线与道路上的曲线设为"线在线上副"，后轮上的曲线与道路上的曲线设为"线在线上副"，中轮上的曲线与道路上的曲线设为"线在线上副"。

4. 创建驱动

1）选择"菜单 | 分析 | 测量距离"命令，在【测量距离】对话框中"类型"选择"投影距离"，"矢量"选择"XC"，勾选"显示信息窗口"复选框，选择前轮的中心点和曲线的端点，测量距离为624.5077mm，如图32-26所示。

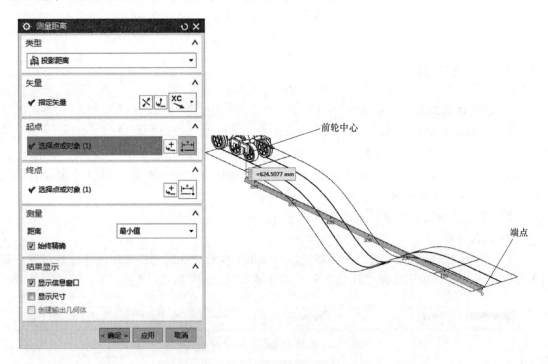

图32-26　测量距离

2）在"信息"框中复制投影距离的数值，如图32-27所示。

3）在"运动导航器"中双击水平线的滑动副J001，在【运动副】对话框中切换到"驱动"选项卡，在"平移"下拉列表框中选择"多项式"选项，"初位移"设为0mm，"速度"设为"624.507723503/10"mm/s（因为在10s内走完全程，所以"速度" = "距离/10s"），"加速度"设为0mm/s^2。

4）分别单击前轮、中轮、后轮、六棱柱的旋转副，在【运动副】对话框中，切换到

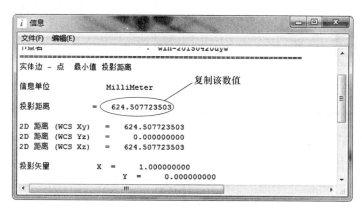

图 32-27　复制投影距离的数值

"驱动"选项卡,在"旋转"下拉列表框中选择"多项式"选项,"初位移"设为 0°,"速度"设为 45°/s,"加速度"设为 0°/s^2。

5．运动仿真

1)单击"解算方案"按钮,在【解算方案】对话框中的"时间"文本框中输入"10","步数"文本框中输入"200","重力方向"选择"ZC↑","重力"设为 10mm/s^2,其他参数采用默认值,单击"确定"按钮。

2)单击"求解"按钮,再单击"动画"按钮,在【动画】对话框中,单击"播放"按钮▶,即可观察到该机构的仿真运动:在小车前进的同时,滑梯上的小球同时往下滑,而且小车后面的六棱柱也一起旋转,当小车前进到终点时,小球也同时下滑到终点。

3)如果小车在滑到终点时,小球不能同时到达滑梯的底端,应在"运动导航器"中双击 Solution_1,在【解算方案】对话框中重新设置重力值,再重新单击"求解"按钮,以便得到理想的仿真效果。

4)选择"菜单|格式|移动至图层"命令,将实体和曲面移至 10 层,曲线移至第12 层。

5)选择"菜单|格式|图层设置"命令,关闭第 1 层和第 12 层,只显示实体的图层,仿真时可以更形象。

6)单击"保存"按钮,保存文档。

汽车转向机构

典型的汽车转向机构是由方向盘、万向节、锥齿轮以及齿轮齿条等零件组成的。通过本项目学习，读者可以了解汽车转向系统的结构和传动原理。

33.1 建模

1）启动 NX12.0，在"建模"模块下创建下列零件，零件图如图 33-1～图 33-7 所示。

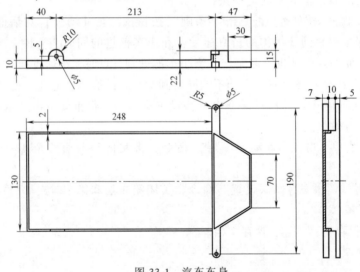

图 33-1 汽车车身

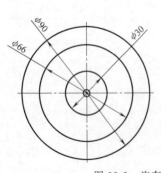

图 33-2 汽车车轮

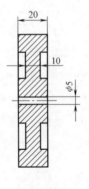

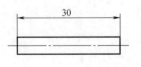

图 33-3 车轮轴

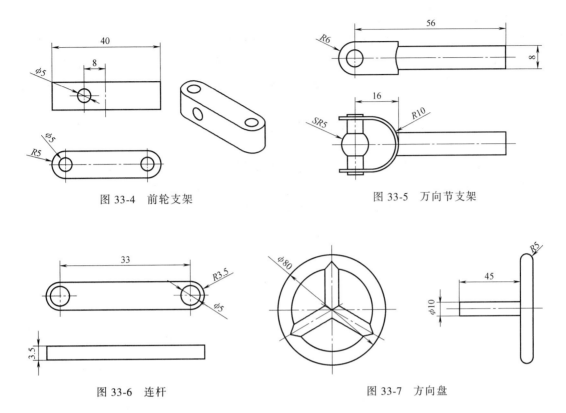

图 33-4　前轮支架

图 33-5　万向节支架

图 33-6　连杆

图 33-7　方向盘

2）创建齿轮杆（齿轮的模数为 1mm，齿数为 15，齿宽为 15mm，压力角为 20°），步骤如下：

① 启动 NX12.0，单击"新建"按钮　，在【新建】对话框中，"单位"选择"毫米"，选择"模型"模板，"名称"为"齿轮杆.prt"。单击"确定"按钮，进入建模环境。

② 选择"菜单 | GC 工具箱 | 齿轮建模 | 柱齿轮"命令，在【渐开线圆柱齿轮建模】对话框中，选择"◉创建齿轮"选项，如图 6-1 所示。

③ 单击"确定"按钮，在【渐开线圆柱齿轮类型】对话框中，选择"◉直齿轮""◉外啮合齿轮""◉滚齿"选项，如图 6-2 所示。

④ 单击"确定"按钮，在【渐开线圆柱齿轮参数】对话框中，"名称"设为"A1"，"模数"设为 1mm，"牙数"设为 15，"齿宽"设为 15.0mm，"压力角"设为 20.0°。

⑤ 单击"确定"按钮，在【矢量】对话框中，"类型"选择"ZC↑轴"，如图 6-4 所示。

⑥ 单击"确定"按钮，在【点】对话框中，"类型"选择"自动判断的点"，"参考"选择"绝对-工件部件"，输入齿轮中心点坐标（0，0，0）。

⑦ 单击"确定"按钮，创建齿轮，如图 33-8 所示。

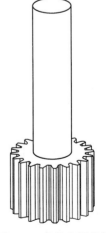

图 33-8　齿轮和圆柱棒

⑧ 在齿轮的表面创建一个圆柱棒（φ10mm×40mm），如图 33-8 所示。

3）创建锥齿轮[⊖]，步骤如下：

① 启动 NX12.0，单击"新建"按钮 ，在【新建】对话框中，"单位"选择"毫米"，选择"模型"模板，"名称"为"锥齿轮.prt"。单击"确定"按钮，进入建模环境。

② 选择"菜单｜GC 工具箱｜齿轮建模｜圆锥齿轮"命令，在【圆锥齿轮建模】对话框中选择"◉创建齿轮"选项。

③ 单击"确定"按钮，在【圆锥齿轮类型】对话框中选择"◉直齿轮""◉等顶隙收缩齿"选项，如图 33-9 所示。

④ 单击"确定"按钮，在【圆锥齿轮参数】对话框中输入"名称"为"gear1"，"大端模数"为 1mm，"牙数"为 20，"齿宽"为 5mm，"压力角"为 20°，"节锥角"为 45°，"齿顶高系数"为 1，"顶隙系数"为 0.2，"齿根圆角半径"为 0.2mm，如图 33-10 所示。

图 33-9 【圆锥齿轮类型】对话框

图 33-10 【圆锥齿轮参数】对话框

⑤ 单击"确定"按钮，在【矢量】对话框中，"类型"选择"ZC 轴"，如图 6-4 所示。

⑥ 单击"确定"按钮，在【点】对话框中"类型"选择"自动判断的点"，"参考"选择"绝对-工件部件"，输入齿轮中心点坐标（0，0，0）。

⑦ 单击"确定"按钮，创建锥齿轮，如图 33-11 所示。

⑧ 采用相同的方法，创建第二个锥齿轮。

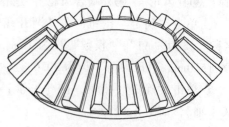

图 33-11 创建锥齿轮

4）啮合锥齿轮，步骤如下：

① 选择"菜单｜GC 工具箱｜齿轮建模｜圆锥齿轮"命令，在【圆锥齿轮建模】对话框

⊖ 锥齿轮为标准术语，NX12.0 软件中为圆锥齿轮。

中选择 "◉齿轮啮合" 选项。

② 在【选择齿轮啮合】对话框中，先选择 "gear1（general gear）"，然后单击 "设置主动齿轮" 按钮（啮合时该齿轮不动），再选择 "gear2（general gear）"，然后单击 "设置从动齿轮" 按钮（啮合时该齿轮移动）。

③ 在【选择齿轮啮合】对话框中，单击 "中心连线向量" 按钮，在【矢量】对话框中，"类型" 选择 "XC 轴" ⓍⒸ。

④ 单击 "确定" 按钮，再次单击 "确定" 按钮，两个齿轮啮合，如图 33-12 所示。

⑤ 在两个锥齿轮的背后表面各创建一个圆筒（外径为 12mm，内径为 10mm，高度为 10mm，如图 33-13 所示）。

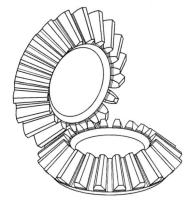

图 33-12 啮合齿轮

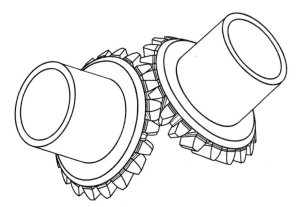

图 33-13 创建圆筒特征

5）创建齿条，步骤如下：

① 启动 NX12.0，单击 "新建" 按钮🗋，在【新建】对话框中，"单位" 选择 "毫米"，选择 "模型" 模板，"名称" 为 "齿条.prt"，单击 "确定" 按钮，进入建模环境。

② 单击 "拉伸" 按钮🗐，以 ZOY 平面为草绘平面，Y 轴为水平参考，绘制一个截面，如图 33-14 所示。

③ 在空白处单击鼠标右键，选择 "完成草图" 命令。在【拉伸】对话框中，"开始距离" 为 -60mm，"结束距离" 为 60mm，"布尔" 选择 "🚫无"。

④ 单击 "确定" 按钮，创建一个拉伸特征，如图 33-15 所示。

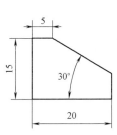

图 33-14 绘制截面

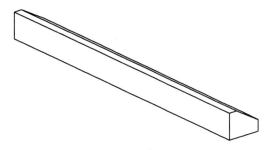

图 33-15 创建拉伸特征

⑤ 选择 "菜单 | 插入 | 基准/点 | 基准平面" 命令，在【基准平面】对话框中，选择 "成一角度" 选项，"角度选项" 选择 "值"，"角度" 为 90°，"参考平面" 选择实体上的

斜面，"通过轴"选择斜面的边线，创建一个基准平面，如图 33-16 所示。

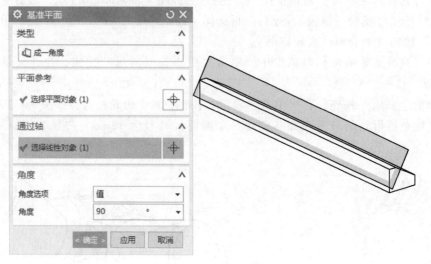

图 33-16　创建基准平面

⑥ 单击"拉伸"按钮🖩，以刚才创建的平面为草绘平面，X 轴为水平参考，绘制齿条轮齿的截面，如图 33-17 所示。

⑦ 在空白处单击鼠标右键，选择"完成草图"命令。在【拉伸】对话框中，"开始距离"为 0，"结束"选择"直至延伸部分"，选择实体前平面，如图 33-18 所示，"布尔"选择"🛗合并"。

⑧ 单击"确定"按钮，创建一个轮齿特征，如图 33-19 所示。

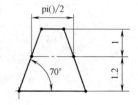

图 33-17　绘制轮齿的截面

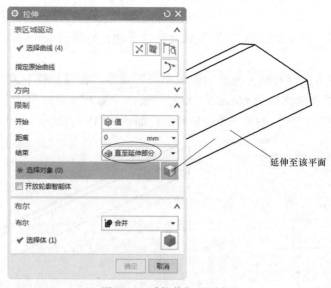

图 33-18　【拉伸】对话框

⑨ 选择"菜单|插入|关联复制|阵列特征"命令，在【阵列特征】对话框中，"布局"选择"线性"🖩，"指定矢量"选择"XC"🗶，"间距"选择"数量和间隔"，"数量"

为 38，"节距"为"pi( )"，如图 33-20 所示。

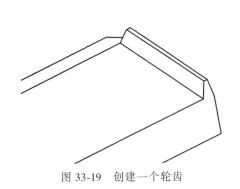

图 33-19　创建一个轮齿

图 33-20　【阵列特征】对话框

⑩ 单击"确定"按钮，创建齿条，如图 33-21 所示。

⑪ 单击"拉伸"按钮 ▥，以齿条的侧面为草绘平面，Y 轴为水平参考，绘制一个截面，如图 33-22 所示。

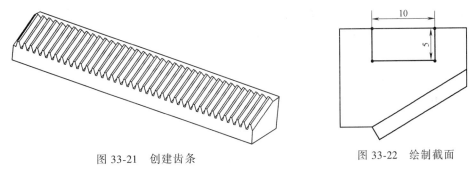

图 33-21　创建齿条

图 33-22　绘制截面

⑫ 在空白处单击鼠标右键，选择"完成草图"命令。在【拉伸】对话框中，"开始距离"为 0，"结束距离"为 10mm，"布尔"选择"⬛合并"。

⑬ 单击"确定"按钮，创建一个拉伸特征，如图 33-23 所示。

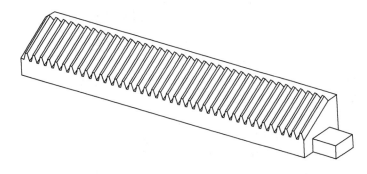

图 33-23　创建拉伸特征

⑭ 选择"菜单|插入|细节特征|面倒圆"命令，在【面倒圆】对话框中，"类型"选择"三面"，在工作区上方的工具条中选择"单个面"选项，如图 33-24 所示。

图 33-24 选择"单个面"选项

⑮ 依次选择上一步创建拉伸特征的第 1 个面、第 2 个面和中间面，创建全圆角特征，如图 33-25 所示。

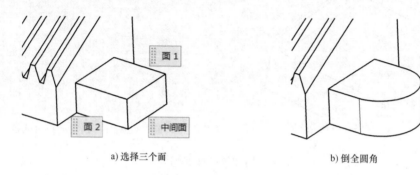

a) 选择三个面   b) 倒全圆角

图 33-25 创建全圆角特征

⑯ 采取相同的方法，在另一侧创建相同的特征。

⑰ 在齿条的背面，创建两个小圆柱，如图 33-26 所示。

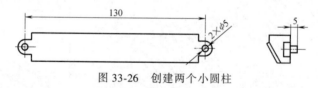

图 33-26 创建两个小圆柱

6）创建新的装配文件，文件名为"汽车转向结构.prt"，如图 33-27 所示。

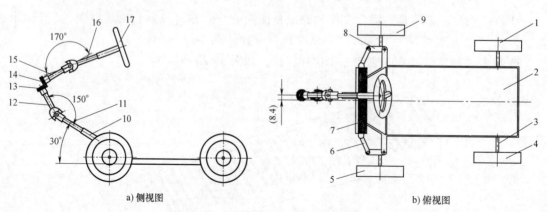

a) 侧视图   b) 俯视图

图 33-27 汽车转向机构装配图

1—右后轮　2—车身　3—车轮轴　4—左后轮　5—左前轮　6—连杆　7—齿条　8—前轮支架
9—右前轮　10—齿轮杆　11—万向节支架（1）　12—万向节支架（2）　13—锥齿轮（1）
14—锥齿轮（2）　15—万向节支架（3）　16—万向节支架（4）　17—方向盘

注意：装配时，齿条的中心与车身的中心对齐，4个车轮与侧面与 ZOX 平面平行。

33.2 创建仿真

1. 进入仿真环境

1）在横向菜单中单击"应用模块"选项卡，再单击"运动"按钮 运动。在"运动导航器"中选择"汽车转向结构"，单击鼠标右键，选择"新建仿真"命令，名称设为"qc-zxjg. sim"。单击"确定"按钮，在【环境】对话框中，"分析类型"选择"◉动力学"，取消勾选"新建仿真时启动运动副向导"复选框。

2）单击"确定"按钮，进入仿真环境。

2. 定义连杆

单击"连杆"按钮 ，设定车身、左后轮以及左后轮上的轴、右后轮以及右后轮上的轴为固定连杆（L001），右前轮、右前轮上的轴、右前轮支架为活动连杆（L002），左前轮、左前轮上的轴、左前轮支架为活动连杆（L003），齿条为活动连杆（L004），齿轮杆、万向节支架（1）为活动连杆（L005），万向节支架、锥齿轮（1）为活动连杆（L006），锥齿轮（2）、万向节支架（3）为活动连杆（L007），万向节支架（4）、方向盘为活动连杆（L008），左连杆为活动连杆（L009），右连杆为活动连杆（L010），共有 10 个连杆。

3. 创建运动副

1）单击"接头"按钮 ，方向盘、万向节支架（4）为接地旋转副，万向节支架（3）、锥齿轮（2）为接地旋转副，锥齿轮（1）、万向节支架（2）为接地旋转副，万向节支架（1）、齿轮杆为接地旋转副，齿条为接地滑动副，右前轮、右前轮上的轴、右前轮支架与车身之间设为相对旋转副，左前轮、左前轮上的轴、左前轮支架与车身之间设为相对旋转副，万向节支架（4）与万向节支架（3）之间为万向节副［其中底数连杆为万向节支架（4）］，万向节支架（2）与万向节支架（1）之间为万向节副［其中底数连杆为万向节支架（2）］，左连杆与左前轮支架为相对旋转副，左连杆与齿条为相对旋转副，右连杆与右前轮支架为相对旋转副，右连杆与齿条为相对旋转副，共有 13 个运动副。

2）设定齿轮与齿条之间为齿轮齿条副，"显示比例"设为 10（齿轮分度圆半径值）。

3）设定两个锥齿轮之间为齿轮副，"齿轮半径"分别设为（两个锥齿轮半径相等）。

4. 创建驱动

1）在"运动导航器"中双击"J001"（方向盘的接地旋转副），在【运动副】对话框中，切换到"驱动"选项卡，在"旋转"下拉列表框中选择"函数"选项，"函数数据类型"选择"位移"，再单击"函数"栏的 ，选择"$f(x)$ 函数管理器"。

2）在【XY 函数管理器】对话框中，"函数属性"选"◉数学"，"用途"选择"运动"，"函数类型"选择"时间"，单击 按钮。

3）在【XY 函数编辑器】对话框中，"插入"选择"运动函数"，在下拉列表框中双击"STEP（x, x0, h0, x1, h1）"，在"公式＝"文本框中输入"STEP（time, 2, 0, 10, -60）+ STEP（time, 12, 0, 32, 115）+STEP（time, 35, 0, 55, -55）"，"时间"单位选择"s"，"角位移"单位选择"°"，表示在 2s 以前旋转角度为 0°，2~10s 之间旋转角度为-60°，10~12s 之间旋转角度为 0°，12~32s 之间旋转角度为 115°，32~35s 之间旋转角度

为 0°，35~55s 之间旋转角度为-55°。

4）单击 3 次"确定"按钮，完成驱动的添加。

注意：旋转角度如果太大，就会产生干涉，无法形成仿真。

5. 运动仿真

1）单击"解算方案"按钮，在【解算方案】对话框中的"时间"文本框中输入"55"，"步数"文本框中输入"200"，其他参数采用默认值，单击"确定"按钮。

2）单击"求解"按钮，进行求解，如果无法求解，则应调整方向盘的旋转方向。

3）单击"动画"按钮，在【动画】对话框中，单击"播放"按钮▶，即可观察到该机构的仿真运动。

4）单击"保存"按钮，保存文档。

项目 ③④ 台虎钳机构

典型的台虎钳机构是由丝杆、固定钳身、活动钳身和钳口板等零件组成的。通过本项目的学习，读者可以了解台虎钳的结构和传动原理。

34.1 建模

1）启动 NX12.0，分别在"建模"模块下创建下列零件，零件图如图 34-1 ~ 图 34-6所示。

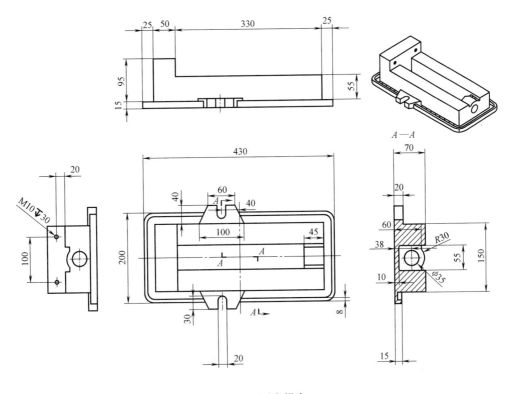

图 34-1 固定钳身

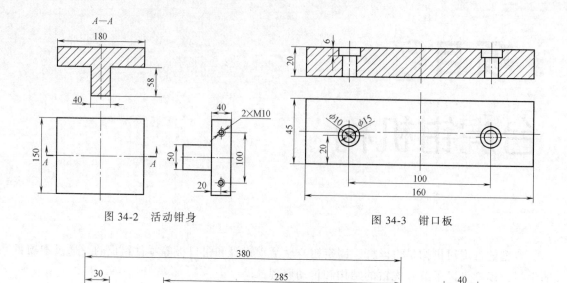

图 34-2　活动钳身

图 34-3　钳口板

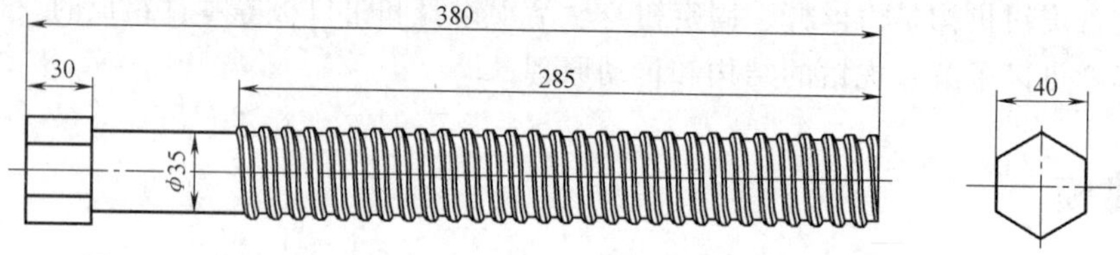

图 34-4　丝杆（螺纹外径为 40mm，螺纹小径为 35mm，螺距为 10mm）

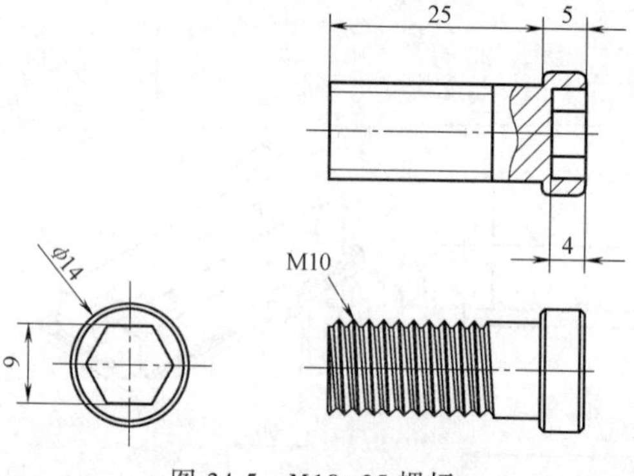

图 34-5　M10×25 螺杆

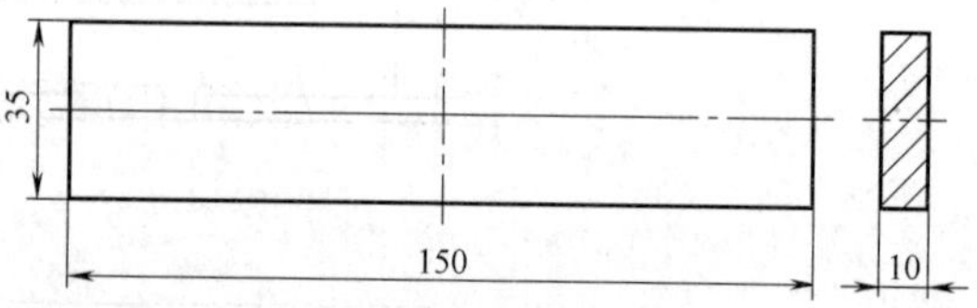

图 34-6　垫铁

2）单击"新建"按钮，在【新建】对话框中"单位"选择"毫米"，选择"装配"模块，"名称"设为"台虎钳机构.prt"，如图 34-7 所示。

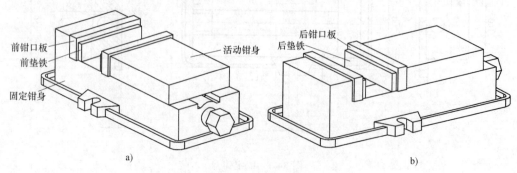

前钳口板

前垫铁

活动钳身

固定钳身

后钳口板

后垫铁

a)

b)

图 34-7　台虎钳机构

3）创建"活动钳身"实体上的螺纹。由于用 NX 装配螺纹非常困难，因此本项目采用先装配实体，再在装配环境下通过减去的方法创建活动钳身的螺孔。通过这种方式创建的螺孔能与丝杆螺纹啮合，具体方法如下：

① 在"装配导航器"中选中"活动钳身"，再单击鼠标右键，选择"设为工作部件"命令，如图 34-8 所示。

图 34-8　选择"设为工作部件"命令

② 选择"菜单｜插入｜组合｜减去"命令，在工作区中选择活动钳身的实体为目标体，在工作区上方的工具条中选择"整个装配"和"单个体"，如图 34-9 所示。

图 34-9　选择"整个装配"和"单个体"

③ 再选择丝杆的实体为工具体。

④ 在【求差】对话框中，勾选"保存工具"复选框，如图 34-10 所示。

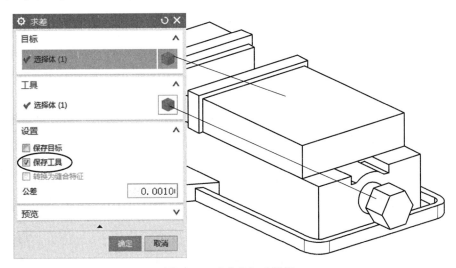

图 34-10　【求差】对话框

⑤ 单击"确定"按钮，即可在活动钳身上创建螺纹。

⑥ 单击"保存"按钮，保存文档。

⑦ 单击"打开"按钮，打开"活动钳身.prt"，即可看到在活动钳身的实体上已创建螺

纹孔，如图 34-11 所示。

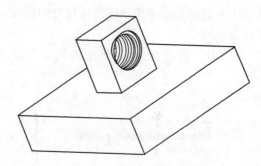

图 34-11　在活动钳身的实体上创建螺纹孔

34.2　创建仿真

1. 进入仿真环境

1）在横向菜单中单击"应用模块"选项卡，再单击"运动"按钮 运动。在"运动导航器"中选择"台虎钳机构"，单击鼠标右键，选择"新建仿真"命令，名称为"taihuqian.sim"。

2）单击"确定"按钮，在【环境】对话框中，"分析类型"选择"⊙动力学"，取消勾选"新建仿真时启动运动副向导"复选框。

3）单击"确定"按钮，进入仿真环境。

2. 定义连杆

单击"连杆"按钮，设定固定钳身、前垫铁、前钳口板以及前面的 2 个 M30 螺杆为固定连杆 L001，丝杆为活动连杆 L002，活动钳身、后垫铁、后钳口板以及后面的 2 个 M30 螺杆为活动连杆 L003。

3. 创建运动副

1）单击"接头"按钮，将丝杆设为顺时针接地旋转副，"指定原点"为丝杆端面圆的中心，"指定矢量"选择丝杆的轴线。

2）单击"接头"按钮，活动钳身设为接地滑动副，"指定原点"为丝杆端面的中心，"指定矢量"选择丝杆的轴线。

3）单击"接头"按钮，在【运动副】对话框中，"类型"选择"螺旋副"，操作连杆选择活动钳身，"指定原点"为丝杆端面的中心，"指定矢量"选择丝杆的轴线，"底数"连杆选择丝杆。在【运动副】对话框中，"比率"区域中的"类型"选择"表达式"，"值"设为 10（即螺距），如图 34-12 所示。

4. 创建驱动

1）在"运动导航器"中双击丝杆的接地旋转副，在【运动副】对话框中，切换到"驱动"选项卡，在"旋转"下拉列表框中选择"函数"选项，"函数数据类型"选择"位移"，再单击"函数"栏的，选择"f(x) 函数管理器"。

2）在【XY 函数管理器】对话框中，"函数属性"选择"⊙数学"，"用途"选择"运动"，"函数类型"选择"时间"，单击按钮。

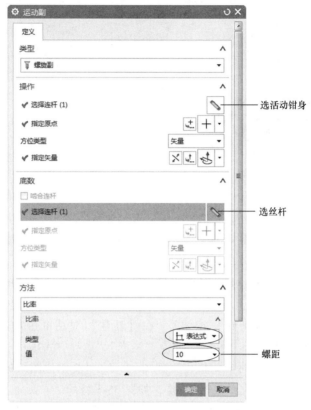

图 34-12 【运动副】对话框

3）在【XY 函数编辑器】对话框中，"插入"选择"运动函数"，在下拉列表框中双击"STEP（x，x0，h0，x1，h1）"，在"公式＝"文本框中输入"STEP（time，0，0，10，1440）＋STEP（time，12，0，22，−1440）"，"时间"单位选择"s"，"角位移"单位选择"°"，表示在 0s 以前旋转角度为 0°，0~10s 之间旋转角度为 1440°，10~12s 之间旋转角度为 0°，12~22s 之间旋转角度为−1440°。

4）单击 3 次"确定"按钮，完成驱动的添加。

5. 运动仿真

1）单击"解算方案"按钮 ，在【解算方案】对话框中的"时间"文本框中输入"22"，"步数"文本框中输入"200"，其他参数采用默认值，单击"确定"按钮。

2）单击"求解"按钮 ，再单击"动画"按钮 ，在【动画】对话框中，单击"播放"按钮▶，即可观察到该机构的仿真运动。

3）单击"保存"按钮 ，保存文档。

工程图设计

本项目以项目 34 中的台虎钳机构装配图为例，详细介绍 NX 工程图设计的一般流程。

1. 创建基本视图

1）新建一个目录，将项目 34 中创建的台虎钳机构的图样（零件图和组装图）全部复制进来。

2）启动 NX12.0，单击"新建"按钮 📄，在【新建】对话框中单击"图纸"选项卡，"关系"选择"引用现有部件"，"单位"选择"毫米"，选择"A0++ –无视图"模板，"新文件名"区域中"名称"为"台虎钳机构工程图 . prt"，"要创建图纸的部件"区域中"名称"选择前面章节创建的"台虎钳机构 . prt"，如图 35-1 所示。

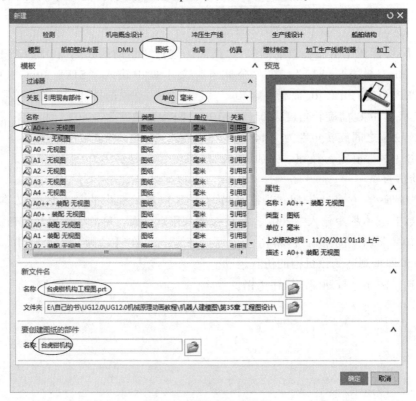

图 35-1 【新建】对话框

3）单击"确定"按钮，在【视图创建向导】对话框中，选择"台虎钳机构"，单击"下一步"按钮。

4）在"选项"选项卡中，"视图边界"选择"手工"，取消勾选"自动缩放至适合窗口"复选框，"比例"设为"1∶1"，勾选"处理隐藏线""显示中心线"和"显示轮廓线"复选框，"预览样式"选择"隐藏线框"，如图35-2所示。

图35-2　【视图创建向导】对话框

5）单击"下一步"按钮，再次单击"下一步"按钮，在"方向"选项卡中选择"俯视图"。

6）单击"下一步"按钮，在"布局"选项中，"放置选项"选择"手工"，选择图框的右上角放置视图，即可创建主视图，如图35-3所示。

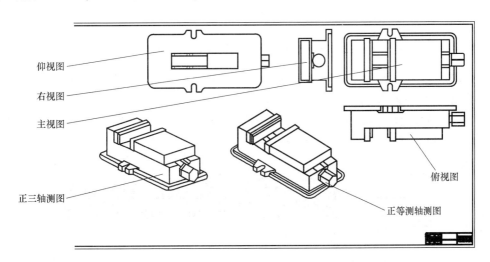

图35-3　创建视图

7）选择"菜单｜插入｜视图｜投影视图"命令，以主视图为父视图，创建右视图、俯视图，如图35-3所示。

8）单击"基本视图"按钮 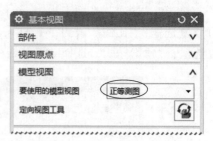，在【基本视图】对话框中，"要使用的模型视图"选择"正等测图"，如图35-4所示，即可创建正等测图，如图35-3所示。

9）采用相同的方法，创建正三轴测图、仰视图等，如图35-3中的正三轴测图和仰视图所示。

10）同时按住键盘上的<Ctrl+W>组合键，在【显示和隐藏】对话框中单击"基准平面"和"图纸对象"对应的"–"，可以隐藏中工程图中的基准轴和基准平面。

图 35-4 【基本视图】对话框

2. 创建断开视图

1）选择"菜单｜插入｜视图｜基本"命令，在【基本视图】对话框中单击"打开"按钮，打开"丝杆.prt"，创建"丝杆.prt"的俯视图以及右视图，如图35-5所示。

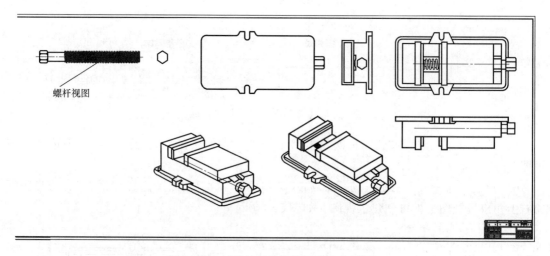

螺杆视图

图 35-5 创建丝杆的俯视图以及右视图

2）选择"菜单｜插入｜视图｜断开视图"命令，在【断开视图】对话框中，"类型"选择"常规"，"主模型视图"选择丝杆的视图，"方位"选择"矢量"，"指定矢量"选择"XC"，"间隙"设为10mm，"样式"选择，"幅值"设为6mm，在丝杆视图中选择第1点和第2点，如图35-6所示。

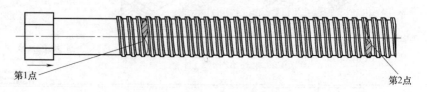

第1点

第2点

图 35-6 选择第 1 点和第 2 点

3）单击"确定"按钮，创建断开视图，如图 35-7 所示。

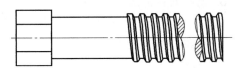

图 35-7　创建断开视图

3. 创建全剖视图

1）选择"菜单 | 插入 | 视图 | 剖视图"命令，在【剖视图】对话框中，"定义"选择"动态"，"方法"选择"简单剖/阶梯剖" ⊡ 简单剖/阶梯剖，如图 35-8 所示。

2）先在【剖视图】对话框中单击"父视图"区域中的"选择视图"按钮，再选择主视图作为剖视图的父视图，选择中心位置为部面线位置。

3）在主视图的下方选择摆放位置，即可创建全剖视图，如图 35-9 所示。

图 35-8　【剖视图】对话框

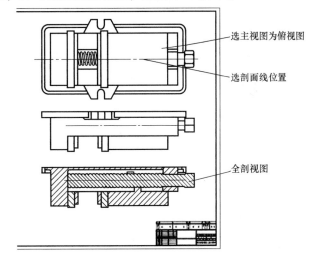

图 35-9　创建全剖视图

4. 创建半剖视图

1）选择"菜单 | 插入 | 视图 | 剖视图"命令，在【剖视图】对话框中，"定义"选择"动态" ⊡，"方法"选择"半剖" ⊡。

2）选择主视图为父视图，选择指定位置 1 和指定位置 2。

3）在图框中选择存放剖视图的位置，即可创建半剖视图，其中有剖面线的一侧位于位置 1 所在的一侧，如图 35-10 所示。

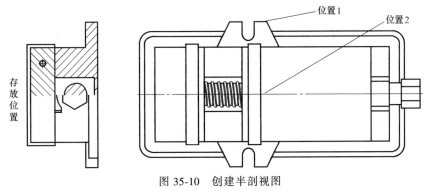

图 35-10　创建半剖视图

5. 创建对齐视图

拖动半剖视图，出现水平虚线后，即与主视图对齐。

6. 创建局部剖视图

1）选择右投影视图（选择方法是：把光标放在右投影视图附近，出现一个棕色的方框），单击鼠标右键，在快捷菜单中选择"🔲活动草图视图"命令。

2）选择"菜单|插入|草图曲线|艺术样条"命令，在【艺术样条】对话框中，"类型"选择"通过点"，勾选"封闭"复选框，单击"◉视图"单选按钮，如图 35-11 所示。

3）在右视图上绘制一条封闭的曲线，如图 35-12 所示，在空白处单击鼠标右键，选择"完成草图"命令。

图 35-11 【艺术样条】对话框

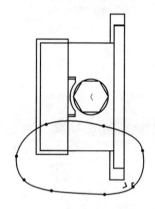

图 35-12 绘制封闭的曲线

4）选择"菜单|插入|视图|局部剖"命令，在【局部剖】对话框中，单击"◉创建"按钮，单击"选择视图"按钮🔲，选择右视图，选择"指出基准点"按钮🔲，在主视图上选择基准点，单击"选择曲线"按钮🔲，选择刚刚绘制的曲线，单击"应用"按钮，创建局部剖视图，如图 35-13 所示。

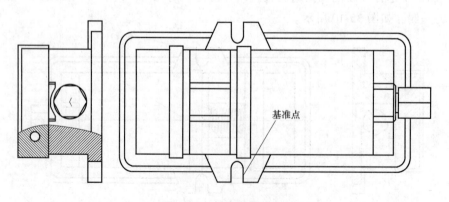

图 35-13 创建局部剖视图

7. 创建局部放大图

1）选择"菜单 | 插入 | 视图 | 局部放大图"命令 ，在【局部放大图】对话框中"类型"选择"圆形"。

2）在主视图上绘制一个细实线圆，在【局部放大图】对话框中"比例"设为 2：1，即可创建局部放大图，如图 35-14 所示。

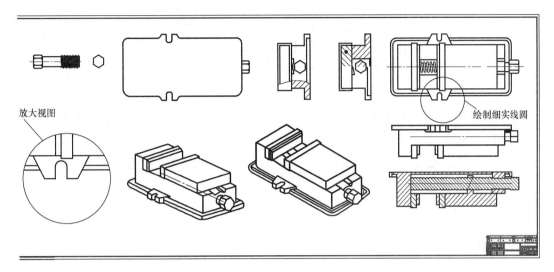

图 35-14 创建局部放大视图

8. 更改剖面线形状

1）双击视图中的剖面线，在【剖面线】对话框中"距离"设为 8mm。

2）单击"确定"按钮，重新调整剖面线的间距，如图 35-15 所示。

9. 创建视图 2D 中心线

1）选择"菜单 | 插入 | 中心线 | 2D 中心线"命令。

2）先选第一条边，再选第二条边，单击"确定"按钮，创建中心线，如图 35-16 所示。

3）双击中心线，在【2D 中心线】对话框中，"缝隙"改为 5mm，勾选"单侧设置延

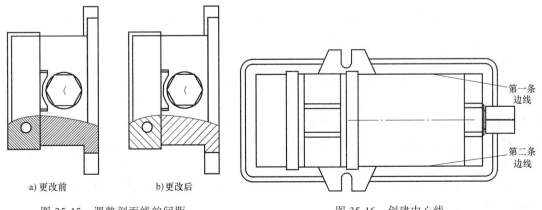

a) 更改前　　　　b) 更改后

图 35-15 调整剖面线的间距　　　　图 35-16 创建中心线

伸"复选框，拖动中心线两端的箭头，调整中心线的长度，此时中心线延长部分是实线，如图 35-17 所示。

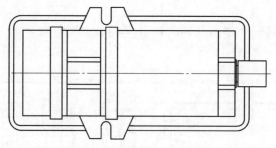

图 35-17　调整中心线长度

4）选择"文件 | 实用工具 | 用户默认设值"命令，在【用户默认设置】对话框中，选择"制图 | 常规/设置 | ISO | 定制标准"，如图 35-18 所示。

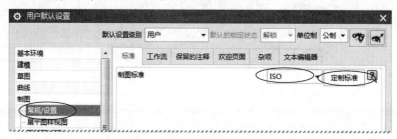

图 35-18　【用户默认设置】对话框

5）在【定制制图标准】对话框中，"中心线显示"选择"正常"，如图 35-19 所示。

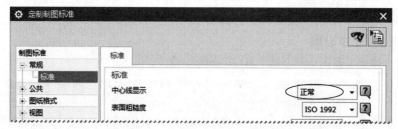

图 35-19　【定制制图标准】对话框

6）在【定制制图标准】对话框中，单击"保存"按钮 保存 ，保存刚才的设置。

7）重新启动 NX，中心线显示为点画线。

10. 添加标注

1）选择"菜单 | 插入 | 尺寸 | 快速"命令，可对零件进行标注，如图 35-20 所示。

2）选择标注数字，单击鼠标右键，在快捷菜单中选择"设置"命令，在【线性尺寸设置】对话框中，选择"尺寸文本"，颜色选择"黑色"，字型选择"BrowalliaUPC"，"高度"设为 15mm，"字体间隙因子"为 0.2，"文本宽高比"为 0.6，"行间隙因子"设为 0.1 "尺寸线间隙因子"为 0.3，如图 35-21 所示。

3）在【线性尺寸设置】对话框中展开"直线/箭头"，选择"箭头"，将箭头长度设为 15mm，如图 35-22 所示。

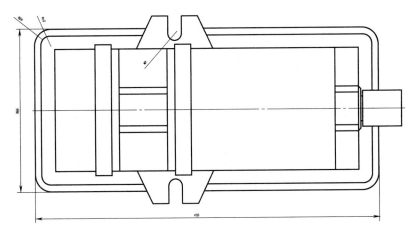

图 35-20　标注尺寸

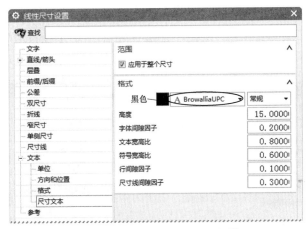

图 35-21　【线性尺寸设置】对话框

图 35-22　设置箭头长度

4）按键盘上的<Enter>键，即可完成修改，如图 35-23 所示。

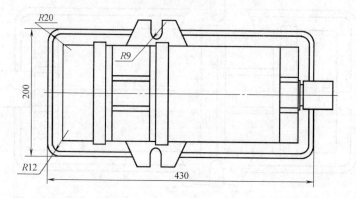

图 35-23　修改后的尺寸标注

11. 添加标注前缀

1）选择数字为"R12"的标注，单击鼠标右键，选择"设置"命令，在【设置】对话框中，选择"前缀/后缀"选项，"位置"选择"之前"，"半径符号"选择"用户定义"，"要使用的符号"设为"4×R"，如图 35-24 所示。

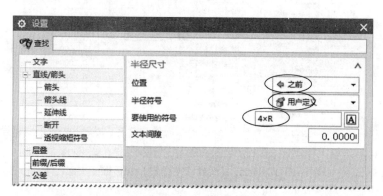

图 35-24　设置前缀

2）单击"确定"按钮，即可添加前缀，如图 35-25 所示。

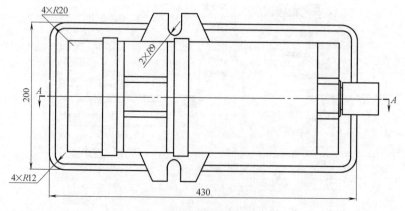

图 35-25　添加其他前缀

注意：如果"×"用"□"显示，则应按图35-21所示更换字体即可。

3）采用同样的方法，添加其他前缀，如图35-25所示。

4）选择"4×R20""4×R12"和"2×R9"，单击鼠标右键，在快捷菜单中选择"设置"命令，在【设置】对话框中展开"直线/箭头"，选择"箭头"，勾选"显示箭头"复选框，"方位"选择"◉向外"，如图35-26所示。

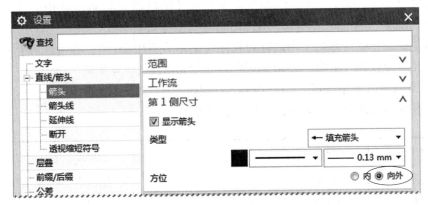

图 35-26　设定箭头

5）按键盘上的<Enter>键，则箭头方向向外，如图35-27所示。

12. 创建注释文本

1）选择"菜单｜插入｜注释｜注释"命令，在【注释】对话框中输入文本，如图35-28所示。

2）在图框中选择适当位置后，即可添加注释文本。

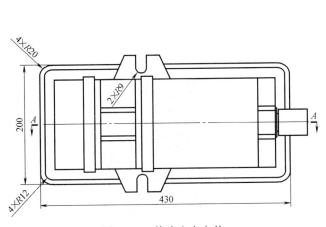

图 35-27　箭头方向向外

图 35-28　【注释】对话框

3）选择刚才创建的文本，单击鼠标右键，在快捷菜单中选择"设置"命令，在【设置】对话框中，颜色选择"黑色"，"字体"选择"chinesef_ kt"，"高度"设为 25mm，"字体间隙因子"设为 1，"行间隙因子"设为 2。

4）按键盘上的<Enter>键，即可更改文本。

13. 修改工程图标题栏

1）选择"菜单 | 格式 | 图层设置"命令，在【图层设置】对话框中，"显示"选择"含有对象的图层"，双击"☑170"，使 170 图层为工作图层。

2）双击标题栏中"西门子产品管理软件（上海）有限公司"，在【注释】对话框中将"西门子产品管理软件（上海）有限公司"改为"×××科技职业学院"。

注意：如果输入的字符用"□"表示，则应按图 35-21 更换字体。

3）在其他单元格中输入文本，并修改字体大小，如图 35-29 所示。

标记	处数	更改文件号	签字	日期		图号：C1010-1		
						图样标记	重 量	比 例
设计	赵 六		2019.10.1					
校对	王 五		2019.10.1			共 页	第 页	
审核	李 四		2019.10.1			×××科技职业学院		
批准	张 三		2019.10.1					

图 35-29　修改标题栏

4）单击"菜单 | 文件 | 属性"命令，在【显示部件属性】对话框中，单击"属性"选项卡，"交互方法"选择"传统"，"标题/别名"设为"名称"，"值"设为"台虎钳"，如图 35-30 所示，单击"应用"按钮。

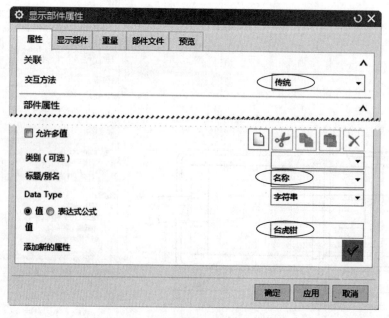

图 35-30　【显示部件属性】对话框

5）重新将“标题/别名”设为“材料”，“值”设为“铸铁”，单击“确定”按钮。

6）选择下面大的单元格，单击鼠标右键，在快捷菜单中选择“导入”→“属性”命令，如图 35-31 所示。

选取这个单元格
更改文件号
赵 六
2019.10.1
王 五
2019.10.1
李 四
2019.10.1
张 三
2019.10.1
编辑单元格(E)...
编辑文本(T)...
设置(S)...
选择
导入
取消合并单元格(U)
粗体(B)
斜体(I)
图号：C101
图样标记
重 量
共 页
第
属性(A)...
表达式(E)...
电子表格(S)...
图像

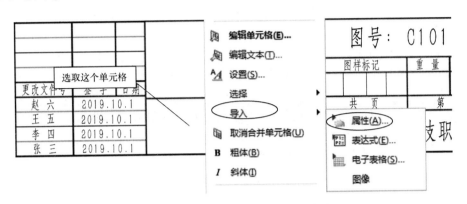

图 35-31 选择“导入”→“属性”命令

7）在【导入属性】对话框中，“导入”选择“工作部件属性”，选择“名称”，如图 35-32 所示。

导入属性
导入
工作部件属性
命名的对象
属性
显示未设置的属性
REMARK
SCALE
SHEET_NUM
WEIGHT
名称
材料
全选
确定
应用
取消

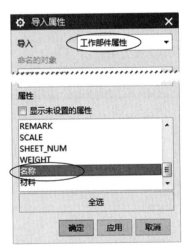

图 35-32 【导入属性】对话框

8）此时所选择的单元格中添加了零件的名称。采用相同的方法，在另一个单元格中添加零件的材质（字体及大小按图 35-21 所示的方法进行调整），如图 35-33 所示。

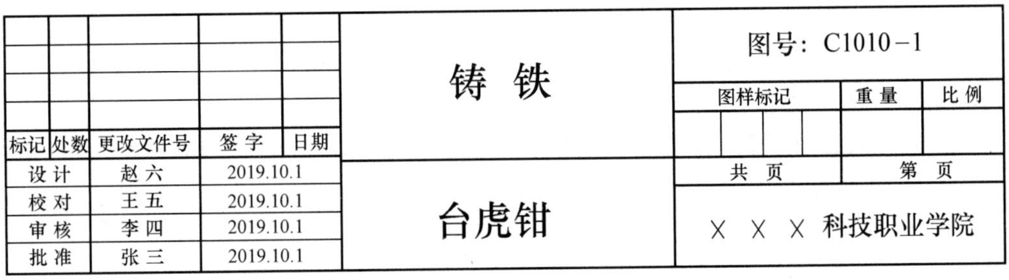

铸 铁
图号：C1010－1
图样标记
重 量
比 例
标记
处数
更改文件号
签 字
日期
设 计
赵 六
2019.10.1
校 对
王 五
2019.10.1
审 核
李 四
2019.10.1
批 准
张 三
2019.10.1
共 页
第 页
台虎钳
X X X 科技职业学院

图 35-33 导入名称和材质

14. 创建明细表⊖

1）选择"菜单│插入│表│零件明细表"命令，如果是第一次创建明细表，一般会出现图 35-34 所示的错误提示，解决方法（以 Win10 操作系统为例）是：在桌面上选择"此电脑"，单击鼠标右键选择"属性"命令，在【系统】对话框中单击"高级系统设置"，在【系统属性】对话框中，单击"环境变量"按钮，在【环境变量】对话框中单击"新建"按钮，在【新建系统变量】对话框中，将"变量名（N）"设为"UGII_ UPDATE_ ALL_ ID_ SYMBOLS_ WITH_ PLIST"，"变量值"设为 0，如图 35-35 所示，重新启动 NX12.0。

图 35-34　错误提示

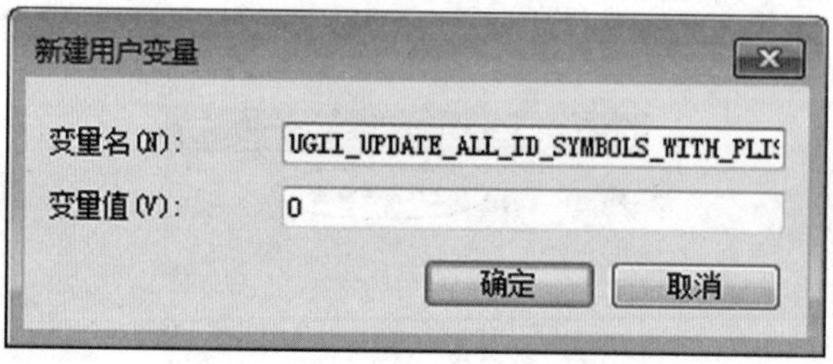

图 35-35　新建用户变量

2）对于第一次创建明细表的用户，所创建的明细表如图 35-36 所示。

1	台虎钳机构	1
PC NO	PART NAME	QTY

图 35-36　明细表

3）把光标放在明细表左上角处，明细表全部变成棕色后，单击鼠标右键，在快捷菜单中选择"编辑级别"命令。

4）在【编辑级别】对话框中，单击"仅叶节点"按钮，如图 35-37 所示，展开整个明细表。

5）单击"√"按钮确认后退出，明细表展开后如图 35-38 所示。

15. 在装配图上生成序号

1）把光标放在明细表左上角处，明细表全部变成黄色后，单击鼠标右键，在快捷菜单中选择"自动符号标注"命令，如图 35-39 所示。

⊖ 标准术语为明细栏，NX 软件中为明细表。

6	固定钳身	1
5	活动钳身	1
4	丝杆	1
3	垫铁	2
2	钳口板	2
1	M10×30 螺杆	4
PC NO	PART NAME	QTY

图 35-37 【编辑级别】对话框

图 35-38 展开明细表

2）选择正三轴测视图，单击"确定"按钮，在该视图上添加序号，但序号符号较小，其中"M10×30 螺杆"不可见，没有用数字标识，如图 35-40 所示。

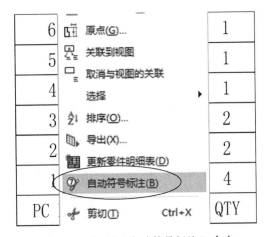

图 35-39 选择"自动符号标注"命令

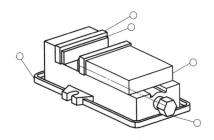

图 35-40 添加序号，但序号符号较小

3）选择全部 5 个序号，单击鼠标右键，在快捷菜单中选择"设置"命令，在【设置】对话框中单击"符号标注"选项卡，颜色选择"黑色"■，线型选择"—"，线宽选择"0.25mm"，"直径"设为 30mm，如图 35-41 所示。

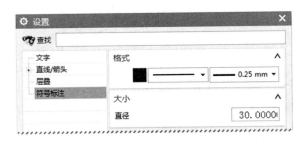

图 35-41 设置符号标注

4）单击"文字"选项卡，"高度"设为 20mm，按<Enter>键，标识符号变大，如图 35-42 所示。

5）选择"菜单｜GC 工具箱｜制图工具｜编辑明细表"命令，在图框中选择明细表，在【编辑零件明细表】对话框中选择"钳口板"，单击"上移"按钮 ，再单击"更新件号"

按钮⚙，将"钳口板"排在第一位，如图35-43所示。

6）采用同样的方法，在【编辑零件明细表】对话框中将"垫铁""活动钳身""丝杆""固定钳身""M10×30螺杆"排第2~第6位，勾选"对齐件号"复选框，"距离"设为20mm，如图35-43所示。

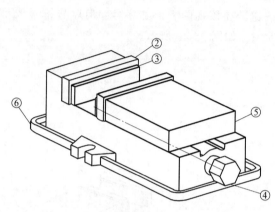

图35-42　标识符号变大

图35-43　【编辑零件明细表】对话框

7）单击"确定"按钮，明细表的序号重新排列，如图35-44所示，右视图上的序号也重新按顺序排列，如图35-45所示。

6	M10×30 螺杆	4
5	固定钳身	1
4	丝杆	1
3	活动钳身	1
2	垫铁	2
1	钳口板	2
PC NO	PART NAME	QTY

图35-44　明细表重新排序

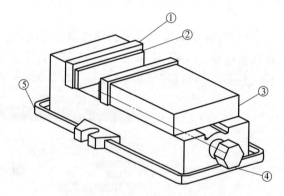

图35-45　按顺序排列且排列整齐

16. 修改明细表

1）在明细表中选择"6"所在的单元格，单击鼠标右键，在快捷菜单中选择"选择"→"列"命令。

2）再次选择"6"所在的单元格，单击鼠标右键，在快捷菜单中选择"调整大小"命令。

3）在动态框中输入列宽：15mm，所选择的列宽调整为15mm。

4）采用相同的方法，调整第 2 列宽度为 30mm，第 3 列宽度为 15mm，将所有行的行高调整为 8mm，如图 35-46 所示。

5）双击最下面的英文字符，将标题分别改为"序号""零件名称"和"数量"，如图 35-46 所示。

17．添加零件属性

1）选择明细表最右边的单元格，单击鼠标右键，在快捷菜单中选择"选择""列"命令。

2）再次选择该列，单击鼠标右键，在快捷菜单中选择"插入""在右侧插入列"命令，则明细表的右侧添加一列，如图 35-47 所示。

6	M10×30 螺杆	4
5	固定钳身	1
4	丝杆	1
3	活动钳身	1
2	垫铁	2
1	钳口板	2
序号	零件名称	数量

图 35-46　调整列宽、行高与修改标题

6	M10×30 螺杆	4	
5	固定钳身	1	
4	丝杆	1	
3	活动钳身	1	
2	垫铁	2	
1	钳口板	2	
序号	零件名称	数量	

图 35-47　在明细表的右侧插入一列

3）在"装配导航器"中选择"固定钳身"，如图 35-48 所示，单击鼠标右键，在快捷菜单中选择"属性"命令。

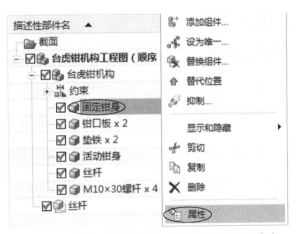

图 35-48　选择"固定钳身"，再选择"属性"命令

4）在【组件属性】对话框中，"交互方法"选择"传统"，"标题/别名"设为"材质"，"值"设为"铸铁"，如图 35-49 所示。

5）采用相同的方法，为其他零件添加材质属性："活动钳身"的材质为 45 钢，"钳口板"的材质为 45 钢，"垫铁"的材质为 45 钢，"丝杆"的材质为 40Cr 钢，"M10×30 螺杆"的材质为 40Cr 钢。

6）在明细表上选择右边添加的列，单击鼠标右键，在快捷菜单中选择"选择""列"

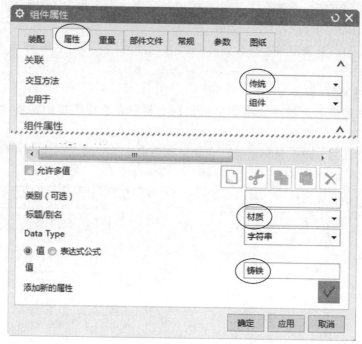

图 35-49 【组件属性】对话框

命令。

7）再次选择该列，单击鼠标右键，在快捷菜单中选择"设置"命令，在【设置】对话框中选择"列"，单击"属性名称"后方的 ↳ 按钮，如图 35-50 所示。

8）在【属性名称】对话框中选择"材质"，如图 35-51 所示。

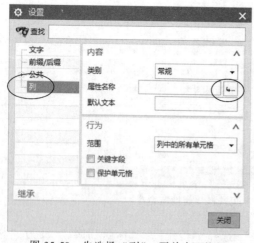

图 35-50　先选择"列"，再单击 ↳ 按钮

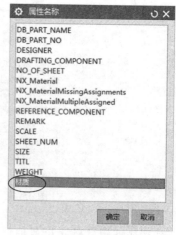

图 35-51　选择"材质"

9）单击"确定"按钮，在明细表空白列中添加零件的材质，如图 35-52 所示，有的计算机中这一列可能没有方框。

注意：如果此时表格中显示的不是文字，而是####，是因为文字的高度大于表格的行高所致，增大明细表的行高即可显示文字内容。

6	M10×30 螺杆	4	40Cr
5	固定钳身	1	铸铁
4	丝杆	1	40Cr
3	活动钳身	1	45
2	垫铁	2	45
1	钳口板	2	45
序号	零件名称	数量	材质

图 35-52 添加 "材质" 列

10）选择最右边没有方框的列，单击鼠标右键，在快捷菜单中选择 "选择"→"列" 命令。

11）再次选择最右边的列，单击鼠标右键，在快捷菜单中选择 "调整大小" 命令，在动态框中 "列宽" 设为 40mm。

12）单击 "确定" 按钮，最右边列的列宽调整为 40mm。

13）选择最右边的列，单击鼠标右键，在快捷菜单中选择 "选择"→"列" 命令，再次选择最右边的列，单击鼠标右键，在快捷菜单中选择 "设置" 命令，在【设置】对话框中单击 "单元格"，在 "边界" 中选择

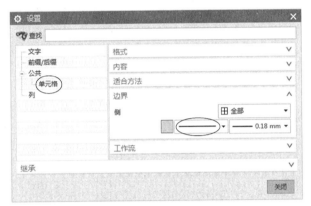

图 35-53 【设置】对话框

"实体线"，如图 35-53 所示，即可给最右边的列添加边框。

18. 修改明细表中的字型与字体大小

1）把光标放在明细表左上角处，明细表全部变成黄色后，单击鼠标右键，在快捷菜单中选择 "单元格设置" 命令。

2）在【设置】对话框中 "文字" 选项卡中，颜色选择黑色，字体选择黑体，"高度" 设为 5mm。

3）按<Enter>键，修改后的明细表如图 35-54 所示。

6	M10×30 螺杆	4	40Cr
5	固定钳身	1	铸铁
4	丝杆	1	40Cr
3	活动钳身	1	45
2	垫铁	2	45
1	钳口板	2	45
序号	零件名称	数量	材质

图 35-54 修改后的明细表

4）单击 "保存" 按钮 ，保存文档。

参 考 文 献

［1］ 曹岩. UG NX 7.0 装配与运动仿真实例教程 ［M］. 西安：西北工业大学出版社，2010.

［2］ 詹建新. UG10.0造型设计、模具设计与数控编程实例精讲 ［M］. 北京：清华大学出版社，2017.